改訂版 高校生からはじめる
プログラミング

吉村総一郎 **著**

JN039226

©TS/K/M2

KADOKAWA

はじめに

　プログラミングの学習をやってみようとこの本を見てくださった方、ありがとうございます。この本では、Webプログラミングを通じて、プログラミングの基礎を学んでいきます。

　まったくプログラミングを経験したことがないN高等学校の生徒が、社会で役立つプログラミングの入り口として最初に学ぶのが、この内容です。

　そもそもプログラミングとは何なのでしょうか？　**プログラミングとは、コンピューターに対して命令をすること**です。

　現代のコンピューターは生身の人間よりも速い計算能力、速い通信速度、正確な情報取得や情報出力を行うための装置を取りそろえています。このコンピューターに対して、誰かの命令ではなく、あなた自身の命令を下せる、それがプログラミングなのです。

　プログラミングができるようになることで、どのように世界が変わるのでしょうか？　プログラミングが関わる情報処理技術の活用例を挙げると、以下のようなものがあります。

- ・インターネット
- ・スマートフォン
- ・コンピューターグラフィックス
- ・ゲーム機などのデジタルゲーム
- ・動画や電子書籍などのメディアファイル
- ・銀行や企業、官公庁の情報を扱うデータベース

　以上のものに一度も関わったことのないという人はなかなかいないでしょう。これらは**もともと別の手段があったものが、情報処理技術によって大きく改善されたもの**です。インターネット以前の電子通信技術は、これほど豊かな情報を多くの人に伝えることはできませんでしたし、電話にはコンピューターは搭載されていませんでした。

プログラミングができるということは、ここで活用されているような情報処理技術を理解し、まだ応用がされていない領域に対しても情報処理技術を適用できるようになる、ということです。情報処理技術は、先に挙げた例以外の、科学や芸術などの領域においても役立つ技術であり、人間の知的で生産的な活動の価値を高めてくれます。

　この本ではプログラミングを学ぶことによって、みなさんに情報処理技術を学ぶ楽しさや、便利なソフトウェアやシステムが自分で作れるということを実感してもらいたいと思っています。

　そして、プログラミングを学ぶうえでもっとも大切なのは、たくさんのコードを

- **読む**
- **書く**
- **改変する**

ということです。

　有名なプログラマであるポール・グレアムは、『ハッカーと画家』という本の中で、プログラミングするハッカーと画家が本質的に一緒であると主張しています。プログラミングも絵を描くのと同じように、**とにかく「書く」ことをしないと、始まらない**ものなのです。

　この本では、できるだけみなさんが手を動かしてコードを書けるように工夫しています。ぜひともたくさんのコードを読み、書き、プログラミングというものを手に覚えさせましょう。最初はつまずくところも多いとは思いますが、楽しみながら自分のペースでプログラミングを学んでください。

2021年4月　吉村総一郎

CONTENTS

CHAPTER 3　CSSでWebページをデザインしてみよう

CHAPTER 4　診断アプリを作ってみよう

編集／リブロワークス

本文デザイン・制作／リブロワークス デザイン室

編集協力／折原ダビデ竜・小枝創

---------- 注意 ----------

この本の内容を、手を動かして学ぶには、WindowsパソコンまたはMacが必要です。

【Windows】

OS　　　：Windows 7以降のバージョン

メモリ　：4GB以上

ディスク：20GB以上の空き容量

CPU　　 ：Intel Pentium 4以上

【Mac】

Windowsの推奨スペックを満たす、2013年以降に発売されたもの

例：MacBook Pro 13インチ

CHAPTER **1**

HTMLでWebページを作ってみよう

プログラミングを
体験してみよう

SECTION 01

本格的な学習をはじめる前に、まずはブラウザでプログラミングを軽く体験してみましょう。

ブラウザとは

CHAPTER1では、動画や地図などを埋め込んだ自己紹介ページを作ります。ここではブラウザでプログラミングをする方法を紹介します。そもそもブラウザとは、インターネット上にあるホームページを表示するための閲覧ソフトのことです。普段見ているニコニコ動画やGoogleなども、このブラウザを使って表示しています。

◉ Google Chromeをインストールしよう

ブラウザには、Windowsで最初から使えるMicrosoft Edge（マイクロソフト エッジ）や、macOSやiPhoneでおなじみのSafari（サファリ）など、さまざまな種類がありますが、この本ではGoogle Chrome（グーグル・クローム：以降「Chrome」と呼びます）を利用して説明をしていきます。

まずは今使用しているパソコンに、Chromeをインストールしましょう。インストールとは、ソフトウェアをコンピューターで使える状態にすることを指します。もし、すでにChromeを利用している方はインストールの手順を読み飛ばし、次に進んで下さい。

◉ Chromeのダウンロード手順

お使いのブラウザを開きます。ブラウザには検索欄があります。中にはアドレスバーと検索欄が一緒になっているものもありますので、その際にはアドレスバーを利用します。

Windows 10 の Edge でのアドレスバー

検索欄（ない場合はアドレスバー）に「chrome」と、キーボードを使って入力し、[Enter]キー（Macは[return]または[←┘]キー）を押して検索します。

アドレスバーに「chrome」と入力した

検索結果が表示されます。Chromeのダウンロードページへのリンクをクリックします。

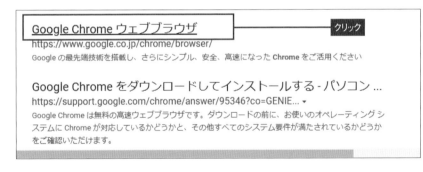

ダウンロードページへのURL「https://www.google.co.jp/chrome/browser/」を直接アドレスバーに入力してもよい

　なお「Chrome」で検索する人を狙った、悪質な偽サイトが確認されています。偽サイトからソフトウェアをダウンロードした場合、データが破損したり、個人情報を抜き取られたりする恐れがあります。

　上の画像の赤枠で示しているように、本物のサイトの URL には「google.co.jp」あるいは「google.com」の文字列が入っています。Chromeに限らず、ソフトウェアを検索してダウンロードする場合、開発元の公式サイトからダウンロードしようとしているかを確認しましょう。

◉ WindowsでChromeをインストール・起動する

次の画面が表示されたら、「使用統計データと……」のチェックは必要なければ外し[Chromeをダウンロード]ボタンをクリックします。

[Chromeをダウンロード]ボタンをクリック

ダウンロードが完了すると、画面下部にファイルが表示されます。[ファイルを開く]をクリックし、ソフトウェアをインストールするためのファイル「インストーラー」を実行します。

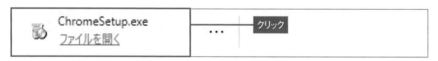

Chromeのインストーラーを開く

ユーザーアカウント制御の画面が表示されたら、[はい]あるいは[実行]をクリックし、実行を許可します。

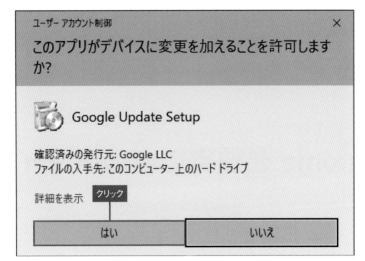

セキュリティ警告が表示される

しばらく待つと次のような画面となり、自動的にChromeがインストールされます。

Chrome をインストール中の画面

インストールが終わると、自動的にChromeが起動します。Chromeを使いはじめる際に、便利にするための手順が表示されます。[開始する]をクリックして下さい。

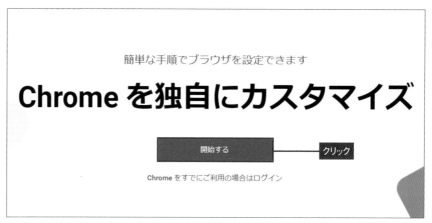

Chromeがはじめて起動したときの画面

Googleが提供するアプリをブックマーク（お気に入り）に登録する手順が表示されますが、特にこだわりがなければ [スキップ] をクリックして下さい。

ブックマークのカスタマイズ画面

Chromeの背景デザインを選ぶ画面が表示されます。好きなものに変更できます。特にこだわりがなければ［スキップ］をクリックしても構いません。

デザインのカスタマイズ画面

Chromeをデフォルトのブラウザ（Windowsが標準で使うブラウザ）にするか尋ねる画面が表示されます。WebプログラミングにおいてはChromeをデフォルトのブラウザに設定しておくほうが便利なので、設定しておきましょう。［デフォルトとして設定］をクリックします。

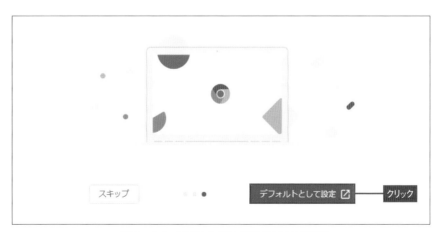

デフォルトのブラウザにするか尋ねる画面

1

HTMLでWebページを作ってみよう

すると、デフォルトのアプリを変更するWindowsの設定画面が表示されます。

下のほうに［Webブラウザー］という欄があるので、ここに表示されている現在の
ブラウザ（Microsoft EdgeやInternet Explorer）の名前をクリックし、表示されたアプ
リ一覧から［Google Chrome］をクリックします。

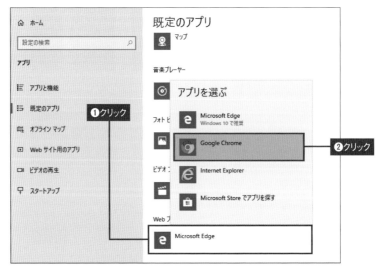

既定のアプリを設定する画面

変更してよいか聞かれるので、［強制的に変更する］をクリックします。
無事に設定ができたら、［既定のアプリ］画面は閉じて下さい。

［強制的に変更する］をクリック

デスクトップに追加された［Google Chrome］のア
イコンをダブルクリックすれば、Chromeを自分で起
動させることができます。以上で、Chromeのインス
トールは完了です。

デスクトップから、Chromeを起動できる

◉ MacでChromeをインストール・起動する

　Chromeのダウンロードページが表示されたら、[Chromeをダウンロード] をクリックします。

[Chromeをダウンロード] をクリック

　次の画面が表示されたら、[インストールするChromeのバージョンを確認します]をクリックして、お使いのMacに対応したバージョンを選びます。

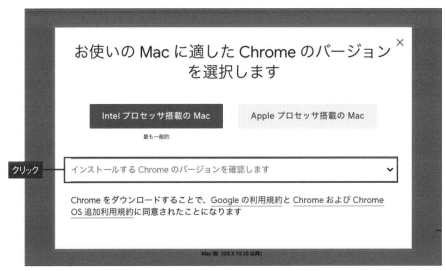

[インストールするChromeのバージョンを確認します] をクリック

ダウンロードの許可を求める画面が表示されたら、[許可] をクリックします。

[許可] をクリック

ドックのFinder（ファインダー）のアイコンをクリックして、Finderを表示します。

Finderのアイコンをクリック

[ダウンロード] フォルダを開き、先ほどダウンロードした [googlechrome.dmg] をダブルクリックして起動します。

[googlechrome.dmg] をダブルクリック

次の画面が表示されたら、Chromeアプリを [アプリケーション] フォルダにドラッグします（マウスの左ボタンやMacBook（MacBook Air、MacBook Pro）をお使いの場合はトラックパッドを押したまま動かします）。

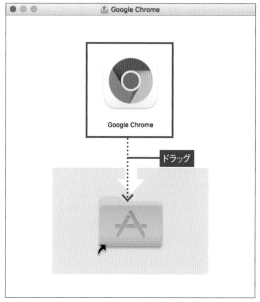

Chromeアプリを「アプリケーション」フォルダにドラッグする

[アプリケーション] フォルダを開き、[Google Chrome] をダブルクリックで起動
します。

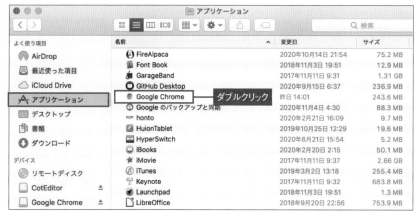

［アプリケーション］
フォルダから、[Google
Chrome] をダブルク
リックする

Google Chromeはインターネット上からダウンロードしたプログラムなので、Macがセキュリティ的に開いても問題ないかを聞いてきます。今回はGoogleの公式サイトからダウンロードしており、安全だと判断できるので［開く］をクリックします。

セキュリティ警告が表示される

Chromeが起動し、「Google Chromeはデフォルトのブラウザとして設定されていません」という画面が表示されます。［デフォルトとして設定］をクリックします。

Chromeが起動した

JavaScriptを体験する

インストールしたChromeを使って、JavaScript（ジャバスクリプト）というプログラミング言語でのプログラミングを体験してみましょう。

◉ コンソールを開こう

　JavaScriptは、Chromeのコンソール画面から利用できます。コンソール（Console）は、JavaScriptのプログラムを実行できる環境です。さっそくコンソール画面を表示してみましょう。Chromeの右上の［設定］ボタンをクリックします。

ブラウザの［設定］ボタンをクリックする

　出てきたメニューの中の［その他のツール］にマウスポインターを合わせると、その横にさらにメニューが出てきます。その中から［デベロッパーツール］をクリックします。

［その他のツール］→［デベロッパーツール］をクリック

デベロッパーツールの [Console] タブをクリックします。

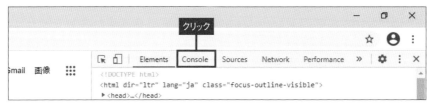

[Console] タブをクリックする

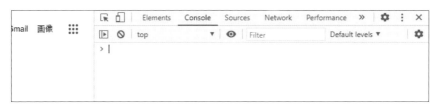

コンソールが表示された

◉ JavaScriptで計算をさせてみよう

このコンソールに、半角英数字入力で下記のコードを入力して、[Enter]キーを押してみましょう。

```
alert(25 + 25);
```

Windowsの場合は[半角/全角]キーを押すと半角入力と全角入力を切り替えられます。Macの場合は[英数]キーを押すことで、半角英数字入力ができます。

- 「(」は、[Shift]キーを押しながら[8]キーを押すと入力できます。
- 「) 」は、[Shift]キーを押しながら[9]キーを押すと入力できます。
- 「+」は、[Shift]キーを押しながら[;]キーを押すと入力できます。

[Shift]キーは、PCによっては [Shift] と書かれておらず上矢印（⇧）のみで示されていることもありますが、いずれの場合も[Z]の左隣にあります。

なお、上に示した入力方法は一般的な日本語キーボードの場合です。英語キーボードなどでは、入力方法が異なりますのでご注意下さい。

もしコンソールに何も入力できないという場合は、コンソールの [>] と表示されている部分の右側をクリックしてから入力してみて下さい。

「alert(表示したい計算式);」と書くと計算ができる

「50」という計算結果が表示されたと思います。

「alert」は、アラートダイアログという警告を表示するダイアログ（エラーメッセージや確認事項などが表示される小さなウィンドウのこと）を表示する命令です。ダイアログには、丸カッコ内に記述した計算式の結果が表示されます（ここでは「25+25」の答え）。

この結果が表示される画面を［アラートダイアログ］と呼ぶ

これがプログラミングの第一歩となります。ここまでできたら、右上の［×］ボタンをクリックして、デベロッパーツールを閉じましょう。

［×］ボタンをクリックして閉じる

━━━━━ まとめ ━━━━━

1. ブラウザではホームページ（**Web**コンテンツ）を表示することができる
2. ブラウザでは**JavaScript**のプログラムを動かすことができる

◉ 問題1

「8327 × 9874」の計算結果をアラートダイアログに表示させてみましょう。かけ算には「*」という記号を使います。この記号のことを、アスタリスクと呼び、キーボードの [Shift] + [:] キーを押すと入力できます。

例: 2 * 3……2 × 3を表す

◉ 問題2

アラートダイアログに「こんにちは」という文章を表示してみましょう。文章は、「'」という記号で囲むとプログラムに記述することができます。この記号のことを、シングルクォートと呼び、キーボードの [Shift] + [7] キーを押すと入力できます。

例：'あいうえお'

※記号は半角で入力しましょう。半角と全角の切り替えは、下記の方法で行います。

・**Windows**の場合：[半角/全角]キーで半角入力と全角入力を切り替えることができます。
・**Mac**の場合：[英数]キーで半角入力、[かな]キーで全角入力に切り替えることができます。

解答

◉ 問題1の答え

```
alert(8327 * 9874);
```

このコードを実行すると、「82220798」と表示されます。

◉ 問題2の答え

```
alert('こんにちは');
```

このコードを実行すると、「こんにちは」と表示されます。

◉ チャレンジしてみよう

デベロッパーツールを使ってもっと複雑な計算をさせてみましょう。

はじめてのHTML

ここでは、パソコンに「**VS Code**」をインストールし、**HTML**を書いて**Web**ページを作ります。

HTMLを書く際に便利な「Visual Studio Code」

HTMLは、Webページ（ホームページ）を作るための言語です。Hyper Text Markup Language（ハイパーテキスト・マークアップ・ランゲージ）の略で、そのまま「エイチティーエムエル」と読みます。詳しくは、これから少しずつ説明していきます。ここではまず、簡単なHTMLを見て、実際に編集を行ってみましょう。

本書では、「Visual Studio Code」を使ってHTMLを書きます。略して、VS Code（ブイエスコード）と呼びます。これは、プログラムを書くためのエディタと呼ばれるソフトウェアです。Windowsの標準機能にある「メモ帳」もエディタの一種ですが、メモ帳と比べて VS Code はプログラミングに便利な機能がたくさん備わっています。「コード（Code）」は、プログラムを動かすための命令をする文章のことです。ソースコードともいいます。

VS Codeのイメージ

◉ VS Code をインストールする

ブラウザの検索欄もしくはアドレスバーに「VS Code」と入力し、 Enter キーを押して検索しましょう。

検索欄に「VS Code」と入力する

検索結果が表示されるので、VS Codeのダウンロードページへのリンクをクリックします。アドレスバーに直接「https://code.visualstudio.com/」とURLを入力することでも、ダウンロードページを表示できます。

検索結果のダウンロードページへのリンクをクリック

◉ Windows に VS Code をインストールする

まずは、ソフトウェアをインストールするためのファイル「インストーラー」をダウンロードしましょう。VS Codeのダウンロードページで、[Download for Windows]ボタンをクリックします。すると、ページが切り替わった後にダウンロードが開始されます。

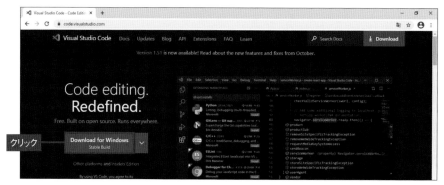

［Download for Windows］ボタンをクリックする

ダウンロードが完了すると、Chromeの画面下部にファイルが表示されます。

ダウンロードが完了した

ダウンロードしたインストーラーを実行しましょう。エクスプローラーで［ダウンロード］フォルダを開き、インストーラーをダブルクリックします。

［ダウンロード］フォルダにあるインストーラーをダブルクリックで起動

　インストーラーの起動時に［セキュリティの警告］のウィンドウが表示されたら、［実行］ボタンをクリックして下さい。

　インストーラーが起動したら、指示に従ってVS Codeをインストールしましょう。

　使用許諾契約書の確認画面が表示されるので、［同意する］を選択して、［次へ］ボタンをクリックします。

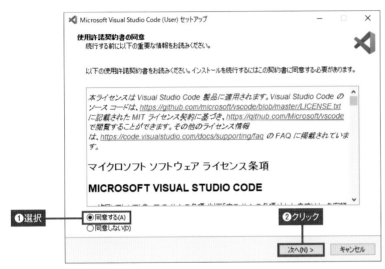

使用許諾契約書を確認し、［同意する］を選択して、［次へ］ボタンをクリックする

　次の画面は、インストール先の選択画面です。そのまま［次へ］ボタンをクリックして下さい。

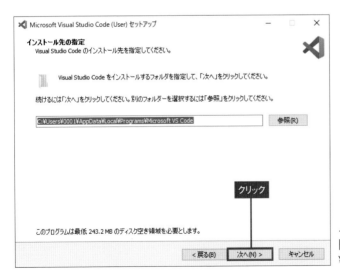

インストール先はデフォルトのままの「C:¥Users¥ユーザー名¥AppData¥Local¥Programs¥Microsoft VS Code」でよい

次の画面は、スタートメニューのショートカットを作成する選択画面です。そのまま［次へ］ボタンをクリックしましょう。

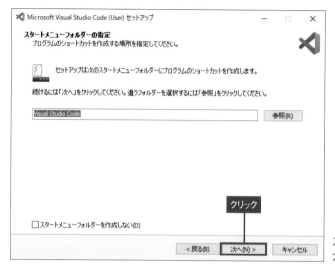

スタートメニューにVS Codeのショートカットを作成する設定

次は、デスクトップにショートカットアイコンを作る設定とパス（PATH）の設定画面です。3か所にチェックを付けます。

・デスクトップ上にアイコンを作成する
・サポートされているファイルの種類のエディターとして、**Code**を登録する
・**PATHへの追加**（再起動後に使用可能）

この3か所にチェックを付けたら、［次へ］ボタンをクリックします。

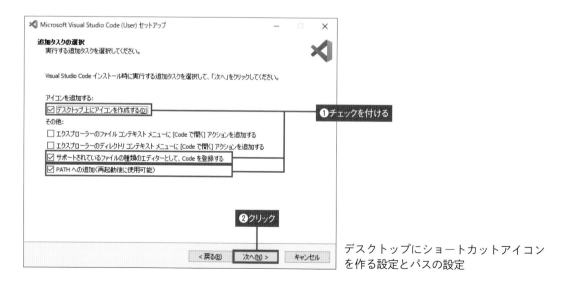

デスクトップにショートカットアイコンを作る設定とパスの設定

　次に、確認画面が表示されます。確認ができたら［インストール］ボタンをクリックしてインストールしましょう。

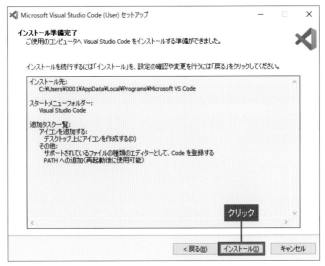

インストールの確認画面

　次の画面でインストールは完了です。インストールができたら［Visual Studio Code を実行する］にチェックが付いている場合は外し、［完了］ボタンをクリックします。これでインストールが完了です。

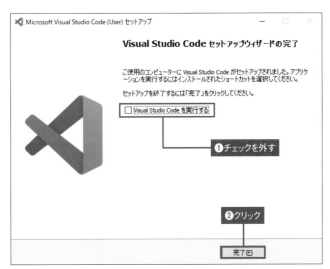

インストール完了画面

◉ MacにVS Codeをインストールする

　まずはインストーラーをダウンロードします。VS Codeのダウンロードページで、[Download for Mac] ボタンをクリックしましょう。

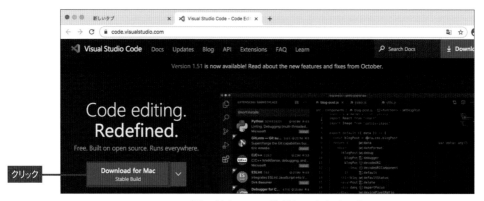

Mac版のダウンロードボタンをクリック

　ページが切り替わった後、ダウンロードが開始され、ダウンロードフォルダにzipファイルが保存されます。Chromeの画面下部にダウンロードしたファイルが表示されるので、ここから [Finderで表示] をクリックしてダウンロードフォルダを開きます。

[Finderで表示] をクリック

　[ダウンロード] フォルダにzipファイルがダウンロードされます。このファイルをダブルクリックして展開します。

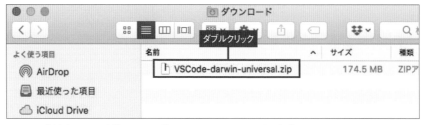

[ダウンロード] フォルダにあるzipファイルをダブルクリックで展開

　[ダウンロード] フォルダにファイルが展開されたら、[アプリケーション] フォルダに移動しましょう。

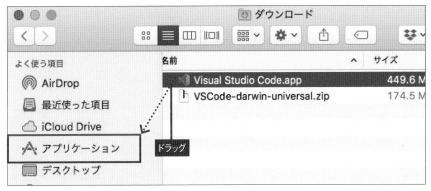

[ダウンロード] フォルダに展開されたファイル

ファイル拡張子を表示しよう

◉ 拡張子とは

　ファイルの種類を示すために、ファイル名の末尾にピリオドと共に示される文字列のことを指します。

　たとえば、テキストファイルでは「.txt」、Microsoft Word ファイルならば「.docx」のことです。

　Web サイトの URL には「.html」が拡張子として付くことがあります。これも HTML ファイルを示す拡張子です。

Web サイトの URL にも拡張子は表示されている

　Windows と Mac では、標準状態では拡張子が隠されています。これは、ユーザーがファイル名を変更するときに誤って拡張子を消してしまったり、変えてしまったりすることでトラブルが起こることを防ぐためです。

プログラミングをする上では拡張子を表示させておいたほうが便利なので、設定を変更しておきましょう。

◉ Windows 10 の場合

　まず［ドキュメント］フォルダを開いてみましょう（ほかのフォルダでも構いません）。スタートメニューから書類のアイコンをクリックします。

書類のアイコンをクリック

　画面上部にある［表示］をクリックします。

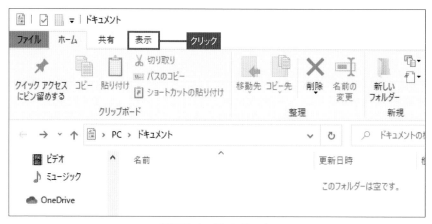

［表示］タブをクリック

　［表示/非表示］というグループの中の［ファイル名拡張子］にチェックを付けます。これで完了です。

［ファイル名拡張子］にチェックを付ける

◉ Mac の場合

Finderを開き、［Finder］メニューから［環境設定］をクリックします。

［環境設定］を開く

　［詳細］をクリックし、［すべてのファイル名拡張子を表示］にチェックを付けます。
これで完了です。

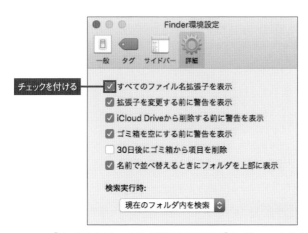

［すべてのファイル名拡張子を表示］にチェックを付ける

VS Codeを開こう

VS Codeを起動しましょう。Windowsでは、デスクトップのショートカットをダブルクリックして起動します。Macの場合は、［アプリケーション］フォルダの［Visual Studio Code.app］をダブルクリックして起動します。

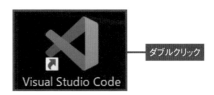

デスクトップのショートカットアイコンをダブルクリックする

◉ VS Codeを日本語化しよう

VS Codeが起動します。VS Codeでは、テキストを入力でき、保存したり読み込んだりすることができます。

現時点ではVS Codeの画面表示が英語になっているはずですので、公式の拡張機能をインストールして日本語化を行います。画面左端にいくつかアイコンが並んでいる部分の一番下にある、四角形が4つ描かれたボタンをクリックして下さい。

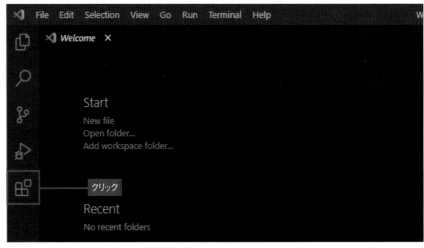

四角形が4つ描かれたボタンをクリック

　すると、画面左側に［EXTENSIONS］などと書かれた領域が現れます。一番上の検索欄に半角英数字で「Japanese」と入力すると自動で検索が行われ、名前に「Japanese」という文字を含んださまざまな拡張機能が表示されます。

　今からインストールするのはMicrosoft製の「Japanese Language Pack for Visual Studio Code」という名前の拡張機能です。名前と発行元が正しいことを確認したら、右側にある［Install］というボタンをクリックして下さい。

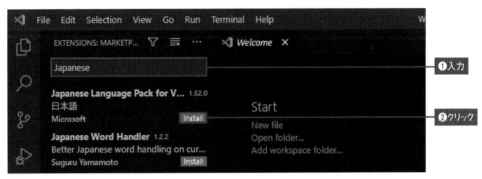

拡張機能のインストール

　しばらく待つとインストールが自動で完了します。すると、画面の右下に「In order to use VS Code in Japanese, VS Code needs to restart.」（日本語に訳すと「VS Codeを使用するにはVS Codeを再起動する必要があります」）という英語のメッセージが表示されます。日本語で利用したいので、［Restart Now］ボタンをクリックします。

［Restart Now］をクリック

HTMLでWebページを作ってみよう

1

自動でVS Codeが再起動し、画面表示が日本語に切り替わります。なお、左側にエクスプローラーと呼ばれる領域が表示されます。今は使わないので非表示にしておきましょう。左端のアイコンで、一番上のアイコンをクリックして下さい。すると、「ようこそ」と書かれた領域が広がるはずです。

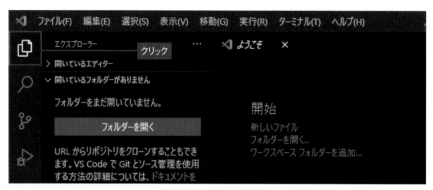

日本語になって起動した

　これ以降、本書では日本語版に合わせて解説を行っていきます。

　なお、Windowsではデスクトップにショートカットが作成されていましたが、Macの場合もDockに追加しておくと、VS Codeの起動が便利になります。MacBook（MacBook Air、MacBook Pro）をお使いの場合は「2本指でトラックパッドをクリックする」ことが右クリックに相当します。

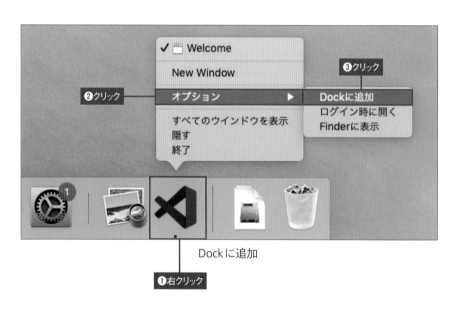

Dockに追加

◉ ファイル作成と保存

まず、新しいファイルを作成します。メニューバーの［ファイル］をクリックし、［新規ファイル］をクリックします。

次に、作成したこのファイルを「名前を付けて保存」してみましょう。メニューバーの［ファイル］をクリックし、［名前を付けて保存］をクリックします。

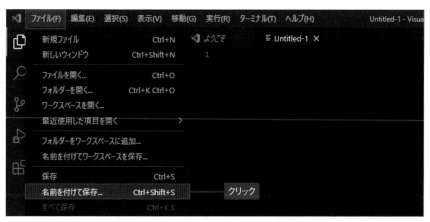

メニューバーで［ファイル］→［名前を付けて保存］をクリック

保存先に［デスクトップ］フォルダを指定し、ファイル名に「my-first.html」と入力したら、［保存］ボタンをクリックします。「-」はハイフンという記号です。キーボードの ほ や ─ キーを押すことで入力できます。

保存先に［デスクトップ］フォルダを指定

保存が済むと、タブの上部のファイル名が表示されるエリアが「my-first.html」に変わります。

変えられたタイトル

◉ VS Code で HTML を書く

さっそく VS Code で HTML を書いてみましょう。VS Code の画面の中に半角で「html:5」と入力し、Tab キーを押しましょう。「:」はコロンといい、キーボードの : キーを押すと入力できます。

「html:5」と入力

キーボードの左上のほうにある Tab キーを押すと、HTML ファイルのひな形（テンプレート）が自動で入力されます。この HTML をすばやく入力するための仕組みのことを Emmet（エメット）と呼びます。VS Code では、特定のキーワードを入力したあと Tab キーを押すと、HTML のコードが挿入されます。

```
1  <!DOCTYPE html>
2  <html lang="en">
3  <head>
4      <meta charset="UTF-8">
5      <meta name="viewport" content="width=device-width, initial-scale=1.
6      <title>Document</title>
7  </head>
8  <body>
```

VS Code の Emmet 機能で自動生成した HTML のひな形

ここまで書いたHTMLを読み解く

　HTMLをざっくりと見てみましょう。1行目は「この文書はHTMLである」、2行目は「ページの中身は英語で書かれている」という意味です。「en」と書かれている部分がEnglish（英語）を意味しているのです。

```
1    <!DOCTYPE html>
2    <html lang="en">
```

文書形式がHTML、言語が英語の指定

　次の部分は、このHTMLページがUTF-8という文字セットで書かれていて、ページのタイトル（ブラウザに表示される名前）が「Document」という意味です。使用するVS Codeのバージョンによっては、ほかにも「meta」と書かれた行が加えられることがあります。これらの行は本書で扱う内容には関係ないので、無視しましょう。また、本書とあわせて追加された行を消してもよいですし、そのまま残しておいても構いません。

```
3    <head>
4        <meta charset="UTF-8">
5        <meta name="viewport" content="
6        <title>Document</title>
7    </head>
```

文字セットがUTF-8形式、タイトルが「Document」の指定

　次の部分は、画面に表示されるページの中身を書くボディという部分です。まだ中身は何もありません。

```
8    <body>
9        |
10   </body>
```

bodyタグ

TIPS 文字セット

先ほどUTF-8という単語が出てきました。これは文字セットと呼ばれるものの一種で、あるテキストがコンピューターの中でどのように表現されるのかを表しています。

たとえば「あ」という文字は、UTF-8では「E38182」という数値（16進数）に割り当てられていますが、別のShift_JISという文字セットの中では「82A0」という数値（16進数）に割り当てられます。

このように、文字セットごとに違った変換表を持っているため、たとえばUTF-8で書かれたテキストを、Shift_JISで読み込もうとすると、正しく読み取ることができません。

UTF-8で書かれたテキストファイルをShift_JISで読み込もうとすると文字化けする

このように、文字セットの違いによって文字列が正しく表示されない現象を「文字化け」と呼びます。

基本的に、WindowsではShift_JIS、MacやLinuxではUTF-8という文字セットが使われています。

◉ HTMLを編集してみよう

今度はHTMLを編集してみましょう。「ページの中身は英語だ」という内容が書かれていた部分を、「日本語だ」という内容に変えます。「en」の2文字を削除して、代わりに日本語（Japanese）を表す「ja」を半角で入力します。

```
<html lang="en">
```

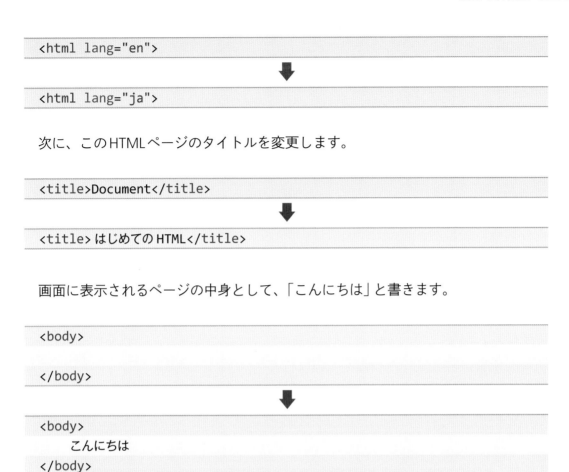

```
<html lang="ja">
```

次に、このHTMLページのタイトルを変更します。

```
<title>Document</title>
```

```
<title>はじめてのHTML</title>
```

画面に表示されるページの中身として、「こんにちは」と書きます。

```
<body>

</body>
```

```
<body>
    こんにちは
</body>
```

ここまでの編集が終わると、次のようになります。

HTML編集結果

```
my-first.html
<!DOCTYPE html>
<html lang="ja">
<head>
    <meta charset="UTF-8">
    <title>はじめてのHTML</title>
</head>
<body>
    こんにちは
</body>
</html>
```

　メニューバーの［ファイル］をクリックし、［保存］を選択してファイルを保存してみましょう。

　Ctrl キー（Macでは Command キー）を押しながら S キーを押すことで、メニューを開かずにすぐ保存することもできます。この同時に押す操作をショートカットキーといい、普通「Ctrl + S」キーのように書いてあります。次の画面でも［保存］の項目に、この書き方でショートカットキーが書かれていますね。

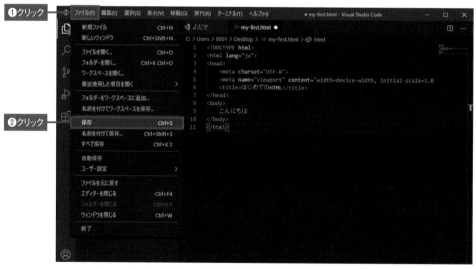

メニューバーで［ファイル］→［保存］をクリックして上書き保存する

　これで、編集したHTMLがデスクトップにある「my-first.html」というファイルに上書き保存されました。デスクトップからmy-first.htmlを探して、ダブルクリックしてみましょう。

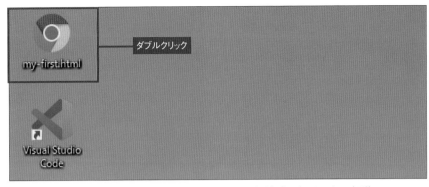

デスクトップに置いた HTML ファイルをダブルクリックで起動

Chrome が起動し、先ほど作った HTML が表示されます。Chrome のタブの部分が「はじめての HTML」となっていて、ページの中身として「こんにちは」が表示されていれば成功です。

ページがうまく表示されない場合は、書かれている HTML を一度全て消して、ひな形の作成から慎重にやり直してみましょう。HTML のようなコードは、1文字でも間違えるとうまく表示されない場合があります。

HTML が表示された

今度は、「こんにちは」を「よろしく」に書き換えます。その後、忘れずに保存も行いましょう。

```
my-first.html

<!DOCTYPE html>
<html lang="ja">
<head>
    <meta charset="UTF-8">
    <title>はじめての HTML</title>
</head>
<body>
    よろしく        「よろしく」に書き換える
</body>
</html>
```

Chrome の [再読み込み] ボタンをクリックしてみましょう。

Chromeの [再読み込み] ボタンをクリック

「よろしく」に変更されていることが確認できます。

「よろしく」に変更されたHTML

HTML内にJavaScriptを書く

HTMLとは、Hyper Text Markup Language を略記したものです。文字や画像などを組み合わせ、文書を表示するための言語（マークアップランゲージ）の一種です。

マークアップ（Markup）とは、機械が読めるように内容に目印をつけることです。<html>のような見た目をしたカタマリを、HTMLタグや単にタグといいます。HTMLでは、このHTMLタグで文章を囲むことでマークアップを実現します。

また、HTMLはタグでマークアップすることで、

・内容の意味を決める
・別のページへのリンクを作る
・内容を装飾する

など、さまざまな表現ができます。こういった詳しいマークアップについては、これから順を追って説明していきます。

━━━━━━━━━━━━━ まとめ ━━━━━━━━━━━━━

1. **VS Code**というエディタを使って、手軽に**HTML**を書くことができる
2. **HTML**は構造を持った文章を作るための言語である
3. **HTML**タグは入れ子にできる

TIPS　**入れ子構造**

　HTMLのタグは入れ子の構造を表現することができます。
　入れ子とは、下の図のように親要素の中に子要素が入り込む構造のことです。
　先ほどのHTMLを例にすると、htmlというタグの要素の子要素に、headとbodyというタグがあることがわかります。
　htmlというタグの開始タグ<html lang="ja">と、終了タグ</html>の間にこれらの子要素が含まれています。

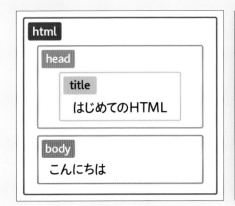

入れ子の構造

```
C: > Users > lwms0 > OneDrive > デスクトップ > <>
1   <!DOCTYPE html>
2   <html lang="ja">
3   <head>
4       <meta charset="UTF-8">
5       <meta name="viewport" content="w
6       <title>はじめてのHTML</title>
7   </head>
8   <body>
9       こんにちは
10  </body>
11  </html>
```

ファイル名がhaiku.htmlで、タイトルが「高浜虚子の俳句」、次の内容が表示されるHTMLファイルを作ってみましょう。

春風や
闘志いだきて
丘に立つ

　新しいファイルは、メニューバーの［ファイル］をクリックし、［新規ファイル］を選択することで作成できます。

　また、改行には
というタグを利用します。

例： あいうえお   かきくけこ

　なお、「<」は Shift + , キー、「>」は Shift + . キーで入力することができます。

《 **解答** 》

```
<!DOCTYPE html>
<html lang="ja">
<head>
    <meta charset="UTF-8">
    <title> 高浜虚子の俳句 </title>
</head>
<body>
    春風や <br>
    闘志いだきて <br>
    丘に立つ
</body>
</html>
```

このようなHTMLとなります。また、

```
<body>
    春風や <br> 闘志いだきて <br> 丘に立つ
</body>
```

　このように、エディタで改行を行わなくても同じ表示にすることができます。これは、HTML上の余分な改行や半角スペースは無視されるためです。

◉ チャレンジしてみよう

　自分の関心があることをHTMLファイルに書いてみましょう。

さまざまなHTMLタグ

ここでは、ホームページ制作でよく使う見出しや段落、リンク、画像の埋め込み、リスト、表の6つのHTMLタグを紹介します。

基本のHTMLタグ

今回紹介するHTMLタグは6つです。

- ・hタグ（見出し、**Heading**）
- ・pタグ（段落、**Paragraph**）
- ・aタグ（リンク、**Anchor**）
- ・imgタグ（画像、**Image**）
- ・ulタグ（順序のないリスト、**Unordered List**）
- ・tableタグ（表、**Table**）

練習用のHTMLファイルを作る

最初に、タグの練習をするためのHTMLファイルを作りましょう。「tags.html」というファイルを用意します。VS Codeのメニューバーの［ファイル］をクリックし、［新規ファイル］をクリックします。

メニューバーで［ファイル］→
［新規ファイル］をクリック
し、新規ファイルを作成する

　ファイルが作成できたら、メニューバーの［ファイル］をクリックして［名前を付けて保存］をクリックし、デスクトップにtags.htmlを保存します。

［名前を付けて保存］を実行し、保存先を［デスクトップ］に指定する

　ファイルが保存できたら、中身を作っていきましょう。まず、半角で「html:5」と入力して[Tab]キーを押して、テンプレートを挿入します。このテンプレートに対し、言語を「ja」に変更し、タイトルも「HTMLについて」にしておきましょう。

```
 1  <!DOCTYPE html>
 2  <html lang="ja">
 3  <head>
 4      <meta charset="UTF-8">
 5      <meta name="viewport" content="width=device-width, initial-scale=1.0
 6      <title>HTMLについて</title>
 7  </head>
 8  <body>
 9
10  </body>
```

練習用のHTMLファイルを作成する

　もし、「html:5」と入力して[Tab]キーを押してもテンプレートが出てこない場合は、ファイルがtags.htmlという名前で正しく保存されているかを確認して下さい。
　それでは、それぞれのタグの書き方を説明していきます。

見出しを作るhタグ

hはHeadingの略で、見出し（ヘッダー）のことです。このタグは、HTMLの中でどこが見出しなのかを表現するために利用するタグです。

bodyタグの中で、「h1」と入力して Tab キーを押して下さい。すると、VS Codeの機能で自動的にh1タグの開始タグと終了タグが自動補完されます。

```
C: > Users > lwms0 > <> tags.html > ⊗ html > ⊗ body > ⊗ h1
 1   <!DOCTYPE html>
 2   <html lang="ja">
 3   <head>
 4       <meta charset="UTF-8">
 5       <meta name="viewport" content="width=device-width, initial-scale=1.0
 6       <title>HTMLについて</title>
 7   </head>
 8   <body>
 9       <h1></h1>
10   </body>
11   </html>
```

h1の自動補完

次に、<h1>タグの中に、「HTMLについて」と入力してみましょう。

```
C: > Users > lwms0 > OneDrive > デスクトップ > <> tags.html > ⊗ html > ⊗ body > ⊗ h1
 1   <!DOCTYPE html>
 2   <html lang="ja">
 3   <head>
 4       <meta charset="UTF-8">
 5       <meta name="viewport" content="width=device-width, initial-scale=1.0">
 6       <title>HTMLについて</title>
 7   </head>
 8   <body>
 9       <h1>HTMLについて</h1>
10   </body>
11   </html>
```

h1の中身を書いた

入力できたらメニューのファイルから保存を選択し、tags.htmlへの変更を保存します。保存できたら、tags.htmlをChromeで開いてみましょう。デスクトップに保存したtags.htmlのアイコンをダブルクリックすると、Chromeでファイルが表示されます。

デスクトップに置いてあるtags.htmlをダブルクリック

「HTMLについて」と書かれた見出しが表示されます。

h1タグで挟んだ文字が大きく表示された

　次は、「h3」と入力して Tab キーを押して、「さまざまな HTML タグ」と書いた小さい見出しを作ります。

```
C: > Users > lwms0 > OneDrive > デスクトップ > <> tags.html > 🔷 html > 🔷 body > 🔷 h3
 1  <!DOCTYPE html>
 2  <html lang="ja">
 3  <head>
 4      <meta charset="UTF-8">
 5      <meta name="viewport" content="width=device-width, initial-scale=1.0
 6      <title>HTML について</title>
 7  </head>
 8  <body>
 9      <h1>HTML について</h1>
10      <h3>さまざまな HTML タグ</h3>
11  </body>
```

h3タグを書いた

　再び保存し、Chromeで再読み込みをすると、大きな見出しと小さな見出しが表示されることがわかります。 F5 キーを押すか、Chromeの［再読み込み］ボタンをクリックすると、Webページを再読み込みできます。

Chromeの再読み込みボタンをクリック

h3タグで挟んだ文字も表示された

　hタグは、hの後ろに1から6までの半角の数字を入力することで、6段階の見出しを表現できます。

```
<h1>1 番目に大きい見出し </h1>
<h2>2 番目に大きい見出し </h2>
<h3>3 番目に大きい見出し </h3>
<h4>4 番目に大きい見出し </h4>
<h5>5 番目に大きい見出し </h5>
<h6>6 番目に大きい見出し </h6>
```

見出しの段階（h1〜h6）によって文字の大きさが変わる

段落を作るpタグ

pはParagraph（パラグラフ）の略で、段落のことです。このタグで囲んだ前後に適当な余白が作られます。

さっそく、h3タグの下に次のコードを追記します。

```
<p>
    HTML　タグは、文章をマークアップすることで、文章に意味を与えることができます。
</p>
```

ここまでの入力が終わると、bodyタグの中身は次のようになります。

tags.html の body タグ
```
<body>
    <h1>HTML　について </h1>
    <h3> さまざまな　HTML　タグ </h3>
    <p>HTML　タグは、文章をマークアップすることで、文章に意味を与えることができま
す。</p>
</body>
```

Chromeで再読み込みすることで、段落が表示されていることを確認できます。

pタグで挟んだ文字が表示された

また、次のようにpタグを2つ並べてみましょう。

tags.html の body タグ
```
<body>
    <h1>HTML　について </h1>
    <h3> さまざまな　HTML　タグ </h3>
```

```
    <p>HTML　タグは、文章をマークアップすることで、文章に意味を与えることができま
す。</p>
    <p>p タグは、段落を表すので、p タグごとに隙間が空いた改行になります。</p>
</body>
```

　tags.htmlを再度読み込めば、それぞれのpタグに段落としての改行が与えられていることが確認できます。

pタグで挟んだ文字の改行

　
というタグを利用することで、pタグ内でも改行することができるので、次のように段落内の文章を改行してみましょう。なお、brはbreak（ブレーク）の略です。英語で「改行」はline break（ライン・ブレーク）といいます。

tags.htmlのbodyタグ

```
<body>
    <h1>HTML　について </h1>
    <h3> さまざまな　HTML　タグ </h3>
    <p>
        HTML　タグは、文章をマークアップすることで、<br> 文章に意味を与えることが
できます。
    </p>
    <p>p タグは、段落を表すので、p タグごとに隙間が空いた改行になります。</p>
</body>
```

　ソースコードが見づらくなってきたら、HTMLファイルをきれいに整えましょう。ソースコードを見やすく整えることを「整形（フォーマット）」といいます。
　bodyタグ全体をマウスのドラッグで選択し、右クリックのメニューから［選択範囲のフォーマット］を選択しましょう。すると、自動的にソースコードを整形することができます。これもVS Codeの機能の1つです。ただし環境によってはうまく整形さ

れないかもしれません。その際には、インデント（字下げ）を増やしたり減らしたりして、うまくいく方法を試してみましょう。

1　bodyタグ全体をマウスのドラッグで選択する

2　選択範囲を右クリックし、[選択範囲のフォーマット]をクリック

3　自動的にソースコードが整形できる

なお、コードの自動整形を行っても、HTMLの表示内容は変わりません。Chromeで再読み込みすることで確認してみましょう。

◉ タグをわざと間違えてみよう

慣れないうちは入力ミスをしてしまうこともあります。ここでは、実際に入力ミスをして戸惑ってしまう前に、わざとタグを間違えてみましょう。

現在、ソースコードは以下のようになっています。

```
<body>
    <h1>HTML について </h1>
    <h3> さまざまな HTML タグ </h3>
    <p>
        HTML タグは、文章をマークアップすることで、<br> 文章に意味を与えることが
できます。
    </p>
    <p>p タグは、段落を表すので、p タグごとに隙間が空いた改行になります。</p>
</body>
```

さっそくタグを間違えてみましょう。

実際にありえる入力ミスとして、隣のキーを間違って押してしまうというものが考えられます。ここでは Ⓗ の隣にある Ⓖ を押してしまったと想定して「<h1>HTML について</h1>」と書いてある部分を「<g1>HTML について</g1>」と間違えてみましょう。

また、余計な文字を入力してしまうのもよくあるミスです。ここでは、
タグを「<bbr>」と打ち間違えてみましょう。

わざと間違え終わったら、保存して再読み込みしてみましょう。<h1>タグの文字サイズが小さくなり、
タグによる改行が消えます。これは、<g1>や<bbr>という間違った（存在しない）タグを受け取ったコンピューターが、それらのタグを無視した結果です。

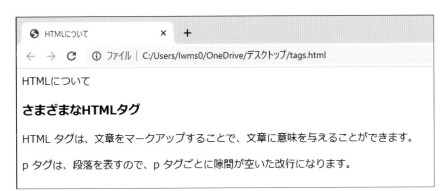

表示が崩れたのが確認できた

　確認できたら、わざと間違えた部分を元に戻しておきましょう。

　このように、1文字でも間違えてしまうと、思ったとおりに動いてくれないのがコンピューターの特徴です。今後学習を進めていく上で、もし表示が変になったり、思っていたような動作をしてくれないということがあれば、まずは入力ミスしていないか確認してみるとよいでしょう。

　また、なるべくEmmetテンプレートによる自動入力をうまく使うなどして、入力ミスの原因を減らすのもよいでしょう。

リンクを作るaタグ

　aはAnchorの略で、船のいかり（アンカー）のことです。このタグは、ほかのWebページへのリンクを設置することができます。この仕組みをハイパーリンクと呼び、HTMLのHのHyperの由来にもなっています。

　pタグの中にリンクを追記してみましょう。「a」と記入して Tab キーを押すことで、こちらもEmmetテンプレートが利用できます。

```
<p>HTML タグは、文章をマークアップすることで、
    <br> 文章に意味を与えることができます。
    <a href=""></a>        ┤ aタグのテンプレート
</p>
```

　リンク先は「href=" "」の「" "」という記号の間に書き、文章はaタグの開始タグ「<a href=" ">」と終了タグ「</a>」の間に書きます。

　なお、「"」という記号はダブルクォートと呼びます。似た記号に「'」シングルクォートもあります。これらの記号を入力するときは、よく見て両者を間違えないように注

意しましょう。

aタグを次のように記述してみましょう。

```
<a href="https://www.nnn.ed.nico/">N予備校のホームページ</a>
```

Chromeで再読み込みして、リンクが利用できるか確認してみましょう。

HTML について

さまざまな HTML タグ

HTML タグは、文章をマークアップすることで、
文章に意味を与えることができます。 <u>N予備校のホームページ</u>

リンクの表示

なお、リンクの文字色の初期状態は青色ですが、1回表示したことのあるページへのリンクは紫色に切り替わります。

ちなみに、リンクの文字色を変更することもできます。その方法は、CHAPTER3で学びます。

◉ 要素の属性

aタグの中の「href="https://www.nnn.ed.nico/"」は何なのでしょうか。このHTMLでは、「<a></a>」の形式で書かれている部分を要素、「href=""」の形式で書かれているものを要素の属性と呼びます。

href属性では、ハイパーリンクのリンク先をaタグに情報として与えることができます。

画像を表示させるimgタグ

imgはImageの略で、画像（イメージ）のことです。このタグは、HTMLに画像を表示させることができます。また、画像が読み込めなかったときに、代わりのテキストも指定することができます。

pタグの下に画像を入れてみましょう。「img」と入力して Tab キーを押すことで、imgタグのテンプレートが挿入されます。

```
<p>HTML タグは、文章をマークアップすることで、
    <br> 文章に意味を与えることができます。
    <a href="https://www.nnn.ed.nico/">N予備校のホームページ </a>
</p>
<img src="" alt="">  ─  imgタグのテンプレート
```

次のように記述してみましょう。ここで1文字でも間違うと画像が正しく表示されないので、入力に注意しましょう。

```
<img src="https://progedu.github.io/forum-ranking/assets/images/
logo-n.svg" alt="N予備校のロゴ ">
```

Chromeを再読み込みして、画像が表示できているか確認してみましょう。

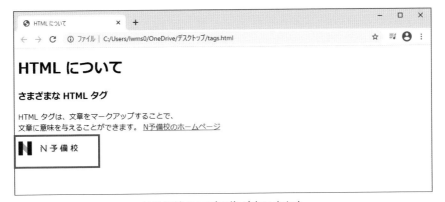

N予備校のロゴ画像が表示された

　ここまで入力してきた、「https://www.nnn.ed.nico/」や「https://progedu.github.io/forum-ranking/assets/images/logo-n.svg」のような文字列をURLと呼びます。インターネット上の住所のような役割で、場所を指し示しています。src属性には、画像を保存しているURLを指定します。alt属性には、画像が読み込めない場合に表示するテキストを指定します。

　imgタグのsrc属性に入力するURLが間違っていると画像は表示されません。代わりに、alt属性に設定したテキスト（代替テキスト）が表示されます。

src属性のURLが間違っていると、画像の代わりにテキストが表示される（代替テキスト）

imgタグにおけるalt（オルト）属性は、alternate（オルタネート、代替）の略で、代替テキストと呼ばれます。

上で示したように、画像ファイルのURLが間違っていたり変更されたりすることで表示されなくなった際、何が表示されるはずだったか示す役割があります。また、視覚に障害のあるユーザー向けの読み上げソフトでは画像の代わりに読み上げる対象となるため、できるだけ画像には代替テキストを設定することが推奨されています。

リストを作るulタグ

ul（ユー・エル）はUnordered List（アンオーダード・リスト）の略で、順序のないリストのことです。並んでいる項目（箇条書き）を表現することができます。imgタグの下に、リストを追加してみましょう。

```
ul>li*6
```

と入力して Tab キーを押すことで、テンプレートが挿入されます。これは、ulタグの子要素にli（エル・アイ）タグを6個入れるという意味です。liタグはList Item（リスト・アイテム）の略で、リストの項目を表すタグです。ulタグの子要素として入力する必要があります。

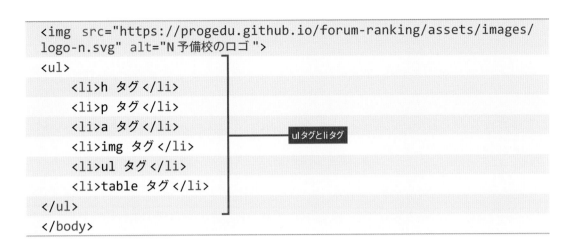

```
<img src="https://progedu.github.io/forum-ranking/assets/images/
logo-n.svg" alt="N予備校のロゴ">
<ul>
    <li>h タグ</li>
    <li>p タグ</li>
    <li>a タグ</li>
    <li>img タグ</li>
    <li>ul タグ</li>
    <li>table タグ</li>
</ul>
</body>
```

ulタグとliタグ

上書き保存し、Chromeで再読み込みして、リストが表示されているか確認してみましょう。

さまざまな HTML タグ

HTML タグは、文章をマークアップすることで、
文章に意味を与えることができます。 N予備校のホームページ

N N 予 備 校

- h タグ
- p タグ
- a タグ
- img タグ
- ul タグ
- table タグ

リストが表示された

TIPS **olタグ**

ulタグの代わりに、ol（オー・エル）タグを利用すると、順序付きのリストを作ることができます。olは、Ordered List（オーダード・リスト）の略です。

1. h タグ
2. p タグ
3. a タグ
4. img タグ
5. ul タグ
6. table タグ

順序付きのリスト

表を作る table タグ

tableは、表を表す英単語「Table（テーブル）」を語源とするタグです。HTML上に表を作ることができます。かつては table タグを用いてWeb ページをデザインすることも多かったのですが、近年使われる機会は減っています。ulタグの下に、次のように表を追加してみましょう。

```
table>(tr>th*2)+(tr>td*2)*6
```

と入力して Tab キーを押すことで、表のテンプレートが挿入されます。この書き方は、tableタグの中に、trタグとthタグが2つ入れ子になったものを1つ、trタグの中にtdタグが2つ入れ子になったものを6つ用意することを意味します。

視覚的に編集しながらtableタグを生成できるWebサイトもいくつかあるので、「HTML table generator」などとインターネットで検索してみるのもおすすめです。

```
</ul>
<table>
    <tr>
        <th> タグ名 </th>
        <th> 意味 </th>
    </tr>
    <tr>
        <td>h</td>
        <td> 見出し </td>
    </tr>
    <tr>
        <td>p</td>
        <td> 段落 </td>
    </tr>
    <tr>
        <td>a</td>
        <td> リンク </td>
    </tr>
    <tr>
        <td>img</td>
        <td> 画像 </td>
    </tr>
```

```
    <tr>
        <td>ul</td>
        <td> 順序なしリスト </td>
    </tr>
    <tr>
        <td>table</td>
        <td> 表 </td>
    </tr>
</table>
</body>
```

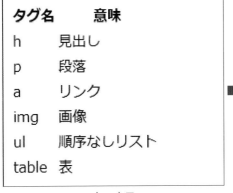

表の表示

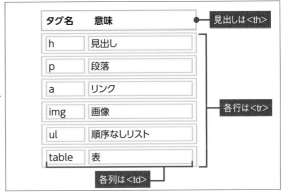

表の各要素

・**tr**は**Table Row**（テーブル・ロウ）の略で、表の1行を表しています。
・**th**は**Table Header**（テーブル・ヘッダー）の略で、表の見出しを表しています。
・**td**は**Table Data**（テーブル・データ）の略で、表の中身を表しています。

ここまでの全てのタグを書くと、次のようなHTMLができあがります。

tags.html

```
<!DOCTYPE html>
<html lang="ja">
<head>
    <meta charset="UTF-8">
    <title>HTML について </title>
</head>
<body>
```

```
<h1>HTML について </h1>
<h3> さまざまな HTML タグ </h3>
<p>HTML タグは、文章をマークアップすることで、
    <br> 文章に意味を与えることができます。
    <a href="http://www.nnn.ed.nico/">N 予備校のホームページ </a>
</p>
<img src="https://progedu.github.io/forum-ranking/assets/images/
logo-n.svg" alt="N 予備校のロゴ ">
<ul>
    <li>h タグ </li>
    <li>p タグ </li>
    <li>a タグ </li>
    <li>img タグ </li>
    <li>ul タグ </li>
    <li>table タグ </li>
</ul>
<table>
    <tr>
        <th> タグ名 </th>
        <th> 意味 </th>
    </tr>
    <tr>
        <td>h</td>
        <td> 見出し </td>
    </tr>
    <tr>
        <td>p</td>
        <td> 段落 </td>
    </tr>
    <tr>
        <td>a</td>
        <td> リンク </td>
    </tr>
    <tr>
        <td>img</td>
        <td> 画像 </td>
    </tr>
    <tr>
        <td>ul</td>
        <td> 順序なしリスト </td>
```

```
    </tr>
    <tr>
        <td>table</td>
        <td>表</td>
    </tr>
</table>
</body>
</html>
```

これで、HTMLタグを使ってさまざまな表現ができるようになりました。

─── まとめ ───

1. **h**タグは見出しを作る
2. **p**タグは段落を作る
3. **a**タグはリンクを作る
4. **img**タグは画像を表示する
5. **ul**タグはリストを作る
6. **table**タグは表を作る

次のような入れ子のリストを作ってみましょう。

・**PC**
　　◦ **Windows**
　　◦ **Mac**
　　◦ **Linux**
・**スマホ**
　　◦ **iOS**
　　◦ **Android**
　　◦ **Windows Phone**

```
ul>(li>ul>li*3)*2
```

と入力して Tab キーを押すと、テンプレートが利用できます。
また、

```
<ul>
    <li> 親のリストの項目
        <ul>
            <li> 子のリストの項目 </li>
        </ul>
    </li>
</ul>
```

と書くことで、liタグは入れ子にすることができます。

《 解答 》

```
<ul>
    <li>PC
        <ul>
            <li>Windows</li>
            <li>Mac</li>
            <li>Linux</li>
        </ul>
    </li>
    <li>スマホ
        <ul>
            <li>iOS</li>
            <li>Android</li>
            <li>Windows Phone</li>
        </ul>
    </li>
</ul>
```

上記のようなタグをbodyタグ内に置くことで、入れ子のリストを作れます。

入れ子リスト

◉ チャレンジしてみよう

　HTMLのリストを使って、あなたの身の回りの情報を整理してみましょう。たとえば、プログラミングを学んでやりたいことをリストアップしてみましょう。

HTMLで作る
自己紹介ページ

前回紹介した基本の**HTML**タグに、**YouTube**の動画を組み合わせて、自己紹介のページを作ってみましょう。

HTMLで自己紹介のページを作る

　自己紹介ページを作りはじめる前に、まずはどのようなページにするか構想を練ります。今回は以下の内容が表示されるページにしてみましょう。

- ・自分に関する画像
- ・ハンドルネーム
- ・わたしの情報
- ・年齢
- ・都道府県
- ・趣味
- ・**SNS**へのリンク集
- ・好きな動画

　それでは、自己紹介用のファイルを作りましょう。「self-introduction.html」というHTMLファイルを作り、HTMLを入力します。

　VS Codeのメニューバーで［ファイル］→［新規ファイル］をクリックしてファイルを作成したら、［ファイル］→［保存］をクリックし、「self-introduction.html」というファイル名で保存します。

　きちんとHTMLファイルとして保存されると、以下のような表示になります。

保存された状態

　次に「html:5」と入力後に [Tab] キーを押してテンプレートを挿入し、言語を「ja」に、タイトルを「<title>○○の自己紹介</title>」に変更します。「○○の自己紹介」は、あなたのハンドルネームに置き換えて下さい。

　ここまでで一度保存してChromeで開き、表示を確認してみましょう。こまめに保存と表示確認をすることで、何か間違えていた場合、早めに気付くことができます。

```
<> self-introduction.html ✕
C: > Users > libroworks > Desktop > <> self-introduction.html > ⬡ html > ⬡ head > ⬡ title
  1   <!DOCTYPE html>
  2   <html lang="ja">
  3   <head>
  4       <meta charset="UTF-8">
  5       <meta name="viewport" content="width=device-width, initial-scale=1
  6       <title>oo の自己紹介</title>
  7   </head>
  8   <body>
  9
 10   </body>
 11   </html>
```

自己紹介のひな形

なお今後、「○○」などの形式で記述されたものは、好きな内容に変更して下さい。

> TIPS **ハンドルネーム**
>
> 　ハンドルネームとは、インターネット上であなたのことを特定するためのニックネームです。

アイコンとハンドルネームを表示する

imgタグで画像を、h1タグでハンドルネームを記述します。imgタグのsrc属性に入れる画像のURLは、次のものを使用して下さい。「src="〜"」の部分は、1文字でも間違うと画像が表示されないので、入力に注意しましょう。

・https://progedu.github.io/forum-ranking/assets/images/logo-n.svg

自分で画像のURLを用意できる人は、Twitterのアイコンなど、好きな画像のURLをsrc属性に設定しましょう。

self-introduction：アイコンとハンドルネームを追加

```
<!DOCTYPE html>
<html lang="ja">
<head>
    <meta charset="UTF-8">
    <title>○○ の自己紹介</title>
</head>
<body>
    <img src="https://progedu.github.io/forum-ranking/assets/
images/logo-n.svg" alt=" アイコン ">

    <h1>○○（あなたのハンドルネーム）</h1>
</body>
</html>
```

なお画像の指定方法は、上記のようにURLで設定する方法と、HTMLファイルと同じフォルダに画像を保存して、「src="./PWRZJzdF_400x400.png"」のように記述する方法があります。

アイコンとハンドルネーム

年齢と都道府県を表示する

　次に「わたしの情報」をh1タグの下に、リストとして入力しましょう。「h3+ul>li*2」と入力して Tab キーを押すことで、必要なタグが入力されます。下のように、年齢、都道府県を入力しましょう。

self-introduction：自己紹介の表を追加

```
<!DOCTYPE html>
<html lang="ja">
<head>
    <meta charset="UTF-8">
    <title> ○○ の自己紹介 </title>
</head>
<body>
    <img src="https://progedu.github.io/forum-ranking/assets/
images/logo-n.svg" alt=" アイコン ">

    <h1> ○○（あなたのハンドルネーム）</h1>
    <h3> わたしの情報 </h3>
    <ul>
        <li> 年齢：×× 歳 </li>
        <li> 都道府県：△△県 </li>
    </ul>
</body>
</html>
```

趣味を表示する

　今度はulタグの下に「趣味」の項目を作ります。「h3+ul>li*3」と入力後 Tab キーを押して必要なタグを入力したら、下のように、趣味を3つ書きましょう。

self-introduction：趣味のリストを追加

```
<h3> 趣味 </h3>
<ul>
    <li> ○○○○○ </li>
    <li> ＊＊＊＊＊ </li>
    <li> ～～～～～ </li>
</ul>
```

ulタグの下にSNSへのリンク集を作りましょう。もしあなたが、TwitterやFacebookなどのSNSサイトを利用しているなら、あなたのページへのリンクを作りましょう。ここでは例として、N予備校のTwitterへのリンクを利用します。今度は自分で次のHTMLを入力するためのEmmet記法を考えてみましょう。

```
</ul>
<h3>SNS へのリンク集 </h3>
<ul>
    <li><a href="https://twitter.com/n_yobikou">Twitter</a></li>
</ul>
```

好きな動画を表示する

SNSへのリンク集の下に、好きな動画を埋め込みます。今回はニコニコ動画やYouTubeという動画サイトで、好きな動画を見つけてきて下さい。

動画のページを開いたら、埋め込みコードを取得しましょう。動画の下にある［共有］というリンクをクリックします。

［共有］をクリックする

現れたダイアログの中にある［埋め込む］をクリックして下さい。

［埋め込む］をクリックする

埋め込みコードが表示されるので、［コピー］をクリックして下さい。
コピーが完了したら動画ページは閉じて構いません。

YouTubeの埋め込みコード

これまでと同じようにh3タグで見出しを作成し、その下に先ほどコピーした埋め込みコードを貼り付けましょう。

「YouTube」（https://www.youtube.com/）は、動画の埋め込みにiframe（アイフレーム）という名前のタグを利用しています。

```
self-introduction：YouTube の動画を追加
    </ul>


    <h3> 好きな動画 </h3>
    <iframe
        width="560"
        height="315"
        src="https://www.youtube.com/embed/QIurNEMqi6o"
        frameborder="0"
        allow="accelerometer; autoplay; encrypted-media; gyroscope;
picture-in-picture"
        allowfullscreen
    ></iframe>
</body>
</html>
```

埋め込んだ動画によっては「再生できません」と表示されます。

YouTube上では再生できるのに自己紹介ページだけで再生できない場合、埋め込んだ動画が投稿者によって「埋め込みを許可しない」という設定になっている可能性があります。その場合は別の動画で試してみて下さい。

これで完成しました。Chrome で self-introduction.html を読み込んでみましょう。コード全体は、以下のようになります。

```html
self-introduction.html
<!DOCTYPE html>
<html lang="ja">
<head>
    <meta charset="UTF-8">
    <title>○○の自己紹介</title>
</head>

<body>
    <img src="https://progedu.github.io/forum-ranking/assets/images/logo-n.svg" alt="アイコン">

    <h1>○○（あなたのハンドルネーム）</h1>
    <h3>わたしの情報</h3>
    <ul>
        <li>年齢：××歳</li>
        <li>都道府県：△△県</li>
    </ul>

    <h3>趣味</h3>
    <ul>
        <li>○○○○○</li>
        <li>＊＊＊＊＊</li>
        <li>～～～～～</li>
    </ul>

    <h3>SNSへのリンク集</h3>
    <ul>
        <li><a href="https://twitter.com/n_yobikou">Twitter</a></li>
    </ul>

    <h3>好きな動画</h3>
    <iframe
        width="560"
        height="315"
        src="https://www.youtube.com/embed/QIurNEMqi6o"
        frameborder="0"
```

```
            allow="accelerometer; autoplay; encrypted-media;
gyroscope; picture-in-picture"
            allowfullscreen
    ></iframe>
</body>
</html>
```

　ずいぶん充実したHTMLを作れるようになってきました。ただし、ここで作成した自己紹介ページは、お使いのPCの中に保存されているだけであり、インターネット上には公開されていませんので、ほかの人が閲覧することはできません。

まとめ

1. **HTML**タグを組み合わせて自己紹介ページなどを作ることができる
2. **Web**サービスによっては**HTML**にコンテンツを埋め込むタグを利用できる

　先ほどの自己紹介ページの好きな動画の下に、卒業した中学校の場所という名前で、Googleマップの地図を埋め込んでみましょう。

　Googleマップで表示したい場所を検索後、[共有] ボタンをクリックします。

[共有] ボタンをクリック

　すると、次の画面が表示されるので、[地図を埋め込む] タブを選択すると地図の埋め込みコードが表示されます。[HTMLをコピー] をクリックして、このコードをコピーしましょう。

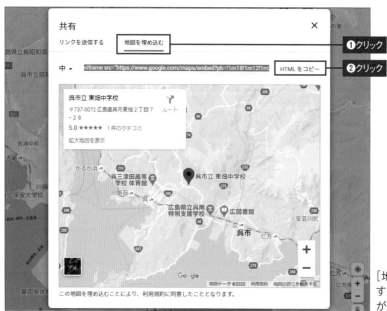

[地図を埋め込む] タブを選択すると、埋め込み用のコードが表示される

《《 解答 》》

```
self-introduction：中学校の場所を追加
    <h3> 卒業した中学校の場所 </h3>
    <iframe
        src="https://www.google.com/maps/embed?pb=!1m14!1m8!1m3!1d
13191.268258591406!2d132.5870936!3d34.2532113!3m2!1i1024!2i768!4f1
3.1!3m3!1m2!1s0x0%3A0xe0a0a7ed7d3a0744!2z5p2x55WR5Lit5a2m5qCh!5e0!
3m2!1sja!2sjp!4v1441872211027"
        width="600" height="450" frameborder="0" style="border:0"
allowfullscreen>
    </iframe>
</body>
```

上記のようにiframeタグを設置することで、地図が表示されるようになります。

◉ チャレンジしてみよう

あなた自身のためのリンク集、動画集、地図集など、情報をまとめたものを作ってみましょう。

CHAPTER **2**

JavaScriptでプログラミングしてみよう

はじめてのJavaScript

CHAPTER2では、簡単なゲーム作りを行います。まずはJavaScriptという
プログラミング言語で、Webページの中身を作っていきます。

JavaScriptとは

JavaScript（ジャバスクリプト）とは、主にWebサイトのページ内に記述され、Web
ブラウザ上で実行されるプログラミング言語です。省略してJSと呼ばれることもあり
ます。最近では、Node.js（ノード・ジェイエス）というプラットフォーム（基盤や土
台という意味）を使うことで、Webブラウザ以外でも利用できるようになり応用範囲
が広がったため、人気があります。

また、似た名前を持つプログラミング言語として、Java（ジャバ）というものがあり
ます。Javaもよく使われる言語ですが、JavaScriptとは名前が似ているだけで、全く異
なる性質や役割を持つ言語です。

JavaScriptのことをJavaと略してしまうと、正しく伝わらなくなってしまいますの
で、きちんとJavaScriptと呼ぶかJSと略しましょう。

TIPS　ECMAScript 5 と ECMAScript 6

　JavaScript にはいくつかのバージョンが存在します。これまでで最も普及していたのはECMA International（エクマ・インターナショナル）という団体が標準化している、ECMAScript 5（エクマ・スクリプト・ファイブ）です。また、2015年にはさまざまな新機能が追加されたECMAScript 6（以下ES6）が登場し、最近はこちらのほうが普及しつつあります。この本ではES6を学んでいきますが、ES6でしか利用できない機能は、その旨を明記して説明していきます。Chromeは、このES6に一部対応したブラウザです。

　ES6の機能を使うことでJavaScriptを非常にシンプルな記法で書くことができるため、これからはES6を利用して説明を行っていきます。

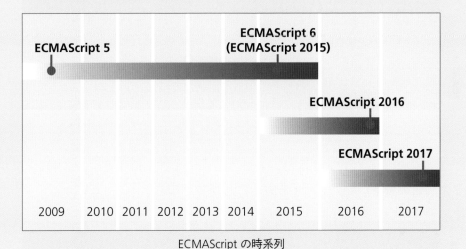

ECMAScript の時系列

TIPS　Alternative JavaScript

　JavaScriptにはAlternative JavaScript（AltJS）と呼ばれる派生言語も存在します。もとのJavaScriptには存在しない機能や文法を用いて、より効率的にJavaScriptを書くことを目的に作られた言語です。

　代表的なものにTypeScriptやCoffeeScriptが挙げられ、これらは実行する前にJavaScriptへ変換され、実行されます。

　本書では本格的に扱うことはありませんが、JavaScriptのことを調べるうちに見かける可能性があるため、ぜひ覚えておきましょう。

alternative（オルタナティブ）：代わりのもの、代替

HTML内にJavaScriptを書く

　まずはHTML内にJavaScriptを書いてみましょう。VS Codeで「my-first-javascript.html」というファイルを新規作成・保存します。「html:5」と入力後 [Tab] キーを押してHTMLのテンプレートを挿入したら、言語を「ja」にして、タイトルを「はじめてのJavaScript」に変更して下さい。

```
   設定          <> my-first-javascript.html ×
 > Users > lwms0 > OneDrive > デスクトップ > <> my-first-javascript.html > ⬡ html
 1   <!DOCTYPE html>
 2   <html lang="ja">
 3   <head>
 4       <meta charset="UTF-8">
 5       <meta name="viewport" content="width=device-width, initial-scale=1.0">
 6       <title>はじめての JavaScript</title>
 7   </head>
 8   <body>
 9
10   </body>
11   </html>
```

HTMLファイルの準備

　bodyタグの中で「script」と入力して、[Tab] キーを押して下さい。scriptタグが挿入されます。この中身にJavaScriptを書くことができます。

```
 8   <body>
 9       <script></script>
10   </body>
11   </html>
```

scriptタグ

scriptタグの中身に、改行を1行加え、次のように入力してみましょう。

```
 9       <script>
10           document.write('1足す2は');
11           document.write(1+2);
12           document.write('です');
13       </script>
```

document.write関数を追記

document（ドキュメント）：文書。ここではHTMLのことを指している
write（ライト）：書く

ChromeでこのHTMLを開くとscript内で記述した処理の結果が表示されます。

script内の処理結果が表示された

ここで書いたJavaScript
```
document.write('1足す2は ');
document.write(1 + 2);
document.write(' です ');
```

このコードは、HTMLの中身に「1足す2はxxです」という内容を書き「xx」には加算処理(1+2=3)の結果を出力するという意味です。このように、JavaScriptではWebページ内の情報を変更することができます。

JavaScriptを別ファイルにする

JavaScriptを別ファイルに書き出して、そのファイルをHTMLから読み込むように構成を変更します。VS Codeで「myFirst.js」というファイルを作成し、my-first-javascript.htmlと同じフォルダ内に保存しましょう。

新規ファイルを作成後、下記のプログラムを入力し、myFirst.jsというファイル名で保存して下さい。

myFirst.js
```
document.write('1足す2は ');
document.write(1 + 2);
document.write(' です ');
```

VS Codeの画面をmy-first-javascript.htmlに切り替えたら、scriptタグを入力した行を選択し、Back space キー（Macの場合、delete キーか ⊠ キー）を押して削除します。この行に、myFirst.jsを読み込むためのscriptタグを入力しましょう。「script:src」と入力して Tab キーを押すと、ファイルを読み込むためのscriptタグが挿入されます。

```html
<!DOCTYPE html>
<html lang="ja">
<head>
    <meta charset="UTF-8">
    <title>はじめての JavaScript</title>
</head>
<body>
    <script src="myFirst.js"></script>    scriptタグ
</body>
</html>
```

　この script タグは、「JavaScriptとして、myFirst.jsファイルを読み込む」という意味です。Chromeを再読み込みしてみましょう。すると、先ほどと同じ内容が表示されるはずです。

　なぜHTMLとJavaScriptのファイルを分割するのでしょうか。これには、HTMLファイルには文章の構造を記述し、JavaScriptには処理を記述する、というように分けて書くことで、それぞれの内容を読みやすくする意図があります。

セミコロン「;」について

　みなさんが先ほど書いたコードの末尾の「;」という記号はセミコロン（semicolon）といいます。

```javascript
document.write('1足す2は');
document.write(1 + 2);
document.write(' です ');
```

　セミコロンはJavaScriptにおいて、プログラムにおける文の終わりを示す記号です。日本語の「。」のようなものだと思って下さい。

　また、JavaScript以外でもセミコロンを文の終わりを示す記号として使っているプログラミング言語は多いので、どこかで見たことがあるという方もいるのではないでしょうか。

C言語などはこの記号を書かないとエラーになります。

しかし、JavaScriptはセミコロンがなくても動作します。そのため、今回学んだコードは以下のように書いても同じ結果になります。

```javascript
document.write('1 足す 2 は ')
document.write(1 + 2)
document.write(' です ')
```

JavaScriptの規格（ECMAScript）では「文はセミコロンで終わらないといけない」と明記されている一方で、文末の場所を自動で判断して内部的にセミコロンを追加する機能についても書かれています。

この機能を自動セミコロン挿入（Automatic Semicolon Insertion）といいます。

自動で追加されるなら書かなくてもよいように思えますが、JavaScriptの実行エンジンは複雑な規則で文末を判断します。

たとえば以下のように、おかしな位置で改行された命令文でも「これは1つの文だ」と判断してくれます。

```javascript
document.
write
('HTML に文字列が表示されます ');
```

少しおかしなプログラムを書いてしまってもセミコロンをうまく補ってくれるともいえますが、逆に「予想外の場所が文末だと判断されてセミコロンが挿入され、予期しない動作をする」可能性があります。

複雑なプログラムを書いていくようになると、エラーが起きても自分で書いたコードのどこが間違っているのか一見するとわからなくなるようなことが多々あります。

そういったトラブルを防ぐためにも、文末にはきちんとセミコロンを付ける習慣をつけましょう。

2

JavaScriptでプログラミングしてみよう

エラーについて

JavaScriptを扱っていると、うまく動かないことがあります。その際にどのように対処すればいいのかを説明していきます。意図的にエラーを起こしてみましょう。

myFirst.js
```javascript
document.write('1足す2は ');
document.write(1 + 2);
document.write(' です ');
```

1行目の「document」のdを削って「ocument」にしてみましょう。

myFirst.js
```javascript
ocument.write('1足す2は ');
document.write(1 + 2);
document.write(' です ');
```

Chromeを再読み込みすると、何も表示されなくなってしまいます。これはJavaScriptがエラーを起こしているためです。

エラーは、Chromeのデベロッパーツールの [Console（コンソール）] タブに表示されます。Chromeの [設定] ボタンをクリックし、[その他のツール] → [デベロッパーツール] を選択しましょう。すると、デベロッパーツールが表示されるので、上部に表示されているタブの中から、[Console] タブを選択して下さい。

※ [Console] タブが見つからない場合は、[>>] と書いてあるドロップダウンボタンの中を調べてみましょう。

[Console] タブの中に、エラーメッセージが表示されるはずです。

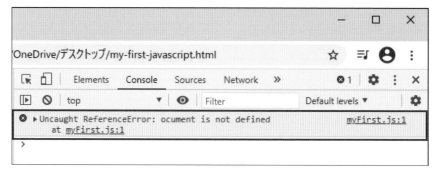

エラーメッセージ

　これを日本語に翻訳すると、「キャッチされないReferenceErrorです。ocumentは定義されていません」という意味になります。キャッチとは、エラーが起こったときの復旧処理をするために、そのエラーをプログラムがとらえることを指します。

　なおエラーメッセージの隣には、「myFirst.js:1」という形式で、エラーが起こったファイルと行番号が表示されます。この「myFirst.js:1」の部分をクリックしてみましょう。すると、実際にソースコードがどのような内容だったかも、デベロッパーツール内に表示することができます。

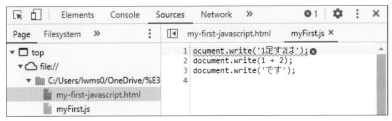

デベロッパーツール内でソースコードを見る

では、ソースコードを修正しましょう（「d」を再入力して「document」に戻します）。

```myFirst.js
document.write('1 足す 2 は ');
document.write(1 + 2);
document.write(' です ');
```

　修正し終わったら上書き保存して、Chromeで元のように動くかどうかを確認しましょう。無事動くようになったでしょうか。

　うまく動かないときは、まずデベロッパーツールを開き、エラーが出ていないかを確認してみましょう。エラーログの内容も、ゆっくりと英語を訳しながら読めば原因をつかむきっかけになります。「エラーで詰まったときは、じっくり観察する」と覚えておけば焦ることはありません。じっくりやってみましょう。

─── まとめ ───

1. **JavaScript**では**Web**ページの中身を作ることができる
2. **HTML**上に**JavaScript**を書くことができる
3. **HTML**から**JavaScript**ファイルを読み込むことができる
4. **Chrome**のデベロッパーツールでエラーの内容を表示できる

JavaScriptでプログラミングしてみよう　2

```
myFirst.js
document.write('1足す2は ');
document.write(1 + 2);
document.write(' です ');
```

上のコードの後ろに、デベロッパーツールのコンソールに「計算結果を表示しました」というログを表示する機能を追加してみましょう。ログとは、プログラムの処理の途中経過を記録したものです。

ログは、次のように書くことで、コンソールに表示することができます。

```
console.log(' 計算結果を表示しました ');
```

TIPS document.write() と console.log()

「document.write(' こんにちは ');」と「console.log(' こんにちは ');」、いずれの書き方でも計算結果や文字をブラウザに表示することができました。ここで、2つの違いについて考えてみましょう。

「document.write()」はHTMLの本文を書き込む命令です。このJavaScriptが埋め込まれたHTMLを閲覧している人は、誰でもその内容を見ることができます。

一方、「console.log()」はコンソールに文字列を表示する命令です。この JavaScript が埋め込まれたHTMLを閲覧している人は、デベロッパーツールでコンソールを開くまで、その文字列を見ることができません。

デベロッパーツールはその名のとおり、開発者向けのツールです。そのため、「console.log()」は基本的には開発者が見るための表示、「document.write()」はページを閲覧する人全員が見るための表示と覚えておきましょう。

今回の「計算結果を表示しました」というログは開発者（あなた）が確認するための途中経過であって、ページを閲覧している人向けのものではないため、「console.log()」を使っているのです。

《《 **解答** 》》

`myFirst.js`

```
document.write('1足す2は');
document.write(1 + 2);
document.write(' です ');
console.log(' 計算結果を表示しました ');
```

このように書くことで、コンソールにログが表示されます。

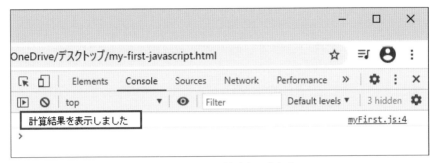

コンソールにログが表示された

◉ チャレンジしてみよう

　コンソールログでいろいろなエラーを表示させてみましょう。エラーになると思ったのにならないコードや、どうしてエラーにならないのかわからないコードを見つけてみて下さい。

JavaScriptでの計算

ここで紹介する算術演算子と変数を理解すると、一次関数のような数学の問題をプログラムで解けるようになります。

JavaScriptで計算を行うには

JavaScriptでは、以下の3つの道具を使って計算を行います。

- ・値
- ・算術演算子（数学記号）
- ・変数

　実際に、いろいろな値をデベロッパーツールの［Console］タブに入力しながらやってみましょう。Chromeを起動して、［設定］ボタン→［その他のツール］→［デベロッパーツール］をクリックしてデベロッパーツールを表示したら、［Console］タブに切り替えて下さい。

　コンソールに短いプログラムを書くと、それをその場で実行することができます。ここに入力した文字列が、どのようにプログラムとして実行されるのかを見ながら、値・算術演算子・変数の使い方を見ていきましょう。

値とは

　プログラムの中で扱う文章や数字などのデータのことを「値」といいます。JavaScriptでは7種類の値が出てきますが、まずは「数値」「文字列」「真偽値」、この3つの値の意味と使い方をしっかりと理解しましょう。

◉ 数値

　プログラミングでは、「100」「200」のような計算に使う数字のことを「数値」と呼びます。数値は、先に挙げた数字以外にも、「-9」のようなマイナスの値や、「3.14」のような小数点を含む数値も扱うことができます。

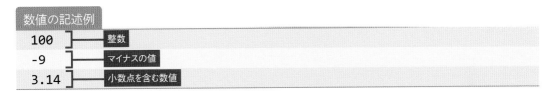

数値の記述例

100	整数
-9	マイナスの値
3.14	小数点を含む数値

　それぞれコンソールに入力して、Enter キーを押してエラーなく入力できることを確かめて下さい。入力した数値が、結果としてそのまま表示されるはずです。

コンソールに数値を入力して Enter キーを押すと、入力した数値がそのまま出力される

◉ 文字列

　文字列とは、文字からなるデータのことです。「あ」「い」のような1文字も、1,000文字の文章も、どちらも同じ文字列のデータです。JavaScriptでは、文字をシングルクォートで囲むことで、文字列のデータとして扱えるようになります（ダブルクォートで囲んでも同じように文字列として扱えますが、本書ではシングルクォートを使用します）。「100」「-200」といった数字も、シングルクォートで囲めば、文字列として扱われます。実際に入力してみましょう。

2

JavaScriptでプログラミングしてみよう

' 文字列 '　──┤ シングルクォートで囲んだ文字は文字列となる

' シングルクォートの記号は \ ' です '　──┤ 「\'」で文字列内に「'」を入力できる

'100'　──┤ 数字も「'」で囲むと文字列として扱われる

文字をシングルクォートで囲んで入力すると、文字列が出力される（左）。シングルクォートで囲まずに文字列を入力すると、エラーとなる（右）

　ちなみに、「\」はバックスラッシュという記号ですが、Windowsでは、円マーク「¥」で表示されることがあります。その場合でも、実行結果は「\」の場合と同様です。

　一方、Macではバックスラッシュのみが有効となり、円マーク「¥」を使うと期待どおりに動かないので、注意しましょう。

　Windowsの場合は、キーボードの右上の円マーク¥キーで、バックスラッシュまたは円マークを入力できます。Macの場合は、Option + ¥キーでバックスラッシュを入力できます。

シングルクォートとダブルクォート

　文字列にはシングルクォート「'」を使うと説明しましたが、実はダブルクォート「"」も同様に使うことができます。

　しかし、ダブルクォート「"」はHTML内で利用されることが多いので、干渉を避けるためJavaScript内ではシングルクォートを利用することが多いです。

　また、ほかのプログラミング言語では、シングルクォートとダブルクォートでは異なる意味になることがあります。新しい言語を学ぶ際には、クォートの意味に気をつけるようにしましょう。

　ちなみに、ES6ではバッククォート「`」でも文字列を表現できます。くわしくはP.144で説明しています。

TIPS エスケープシーケンス

　シングルクォート（'）など、JavaScriptの文法として意味を持っている記号を文字列の中で扱うには、ちょっとした工夫が必要です。特に工夫することなく、たとえば

```
' シングルクォートは ' という記号のこと '
```

と入力してしまうと、文字列が途中で終了していると判断されてしまい、エラーが発生します。これを防ぐために「このシングルクォートはただの文字だ」ということを示す必要があります。これをエスケープシーケンスといいます。
　JavaScriptではバックスラッシュがエスケープシーケンスにあたります。エスケープシーケンスは、プログラミング言語の中の特殊な記号を文字列として使用できる仕組みで、ほかにもさまざまな記号を扱うことができます。

TIPS バックスラッシュと円記号

　英語や西ヨーロッパの言語のために策定された、ASCII（アスキー、1963年発表）という文字コードでは92番の文字としてバックスラッシュを定義しました。しかし、1969年に発表された日本語の文字コード（JIS X 0201）は92番の文字として円マークを定義しています。
　その定義の影響は現在まで続いており、日本語環境のWindowsや日本語のフォントでバックスラッシュを入力・表示すると円マークになってしまうことがあるのです。

◉ 真偽値

　真偽値とは、正しい（真、英語でtrue）か、正しくない（偽、英語でfalse）かを表す値です。真偽という言葉は「うわさの真偽を確かめる」というような使い方をされます。

真偽値の入力例

```
true        ━ true は真を表す真偽値
false       ━ false は偽を表す真偽値
```

　trueは真、falseは偽を表します。真偽値は設定のオン/オフを表す値として使われます。真偽値の詳細は、P.106で解説します。

算術演算子を使って計算する

JavaScriptでの計算には、算術演算子（さんじゅつえんざんし）というものを使います。これは、「＋」や「－」のような数学記号に対応する演算を実行する命令を、JavaScriptの形式で表したものです。中学で習ってきた数学と対応させると、次のようになります。

計算	演算子	記述例	記述例の結果
足し算	+	1 + 1	2
引き算	-	10 - 7	3
かけ算	*	2 * 2	4
割り算	/	1 / 3	0.3333333333333333
割り算の余り	%	24 ％ 5	4

実際に記述例をコンソールに入力してみましょう。次のように、計算結果が表示されます。

さまざまな算術演算子を使った計算

TIPS　浮動小数点数

　割り算のところで、1÷3の答えが「0.3333333333333333」のように途中で切れていますね。本来は割り切れない値のはずです。

　このような小数点の値を、浮動小数点数といいます。JavaScriptでは、全ての数値がこの浮動小数点数で扱われています。なお、この小数点の位置が移動するので、浮動小数点数といいます。浮動小数点数で扱える数値の大きさや桁数には制限があるため、1÷3の計算結果が途中で途切れてしまうのです。

　もう1つ浮動小数点数で覚えておいてほしいのが、小数点以下の数値を正しく表現できないことがあるということです。これは、プログラムの内部では数値は2進数で扱われますが、小数点以下の数値は2進数で正確に表現できないためです。そのため、「0.1 + 0.2」の結果が「0.3」ではなく「0.30000000000000004」になるなど、計算結果に誤差が生まれることがあります。JavaScriptを含む多くのプログラミング言語の浮動小数点数はIFFF754という規格にしたがって定まっています。

　この段階では、こうした仕様や解決方法を正確に覚えておく必要はありません。扱える桁数に制限があることと、小数点以下の計算では誤差が生まれる可能性があることだけ頭に入れておきましょう。

プロジェクトフォルダを作ってみよう

　プロジェクトとは、ソフトウェアを作る計画のことです。プロジェクトフォルダは、プロジェクトで必要なファイルを1つにまとめるためのフォルダです。これからどんどんプログラムを作っていきますが、プロジェクトフォルダを使うことで、プログラムをどういう目的で作ったのかをわかりやすく分類できます。

　フォルダを作るのにおすすめの場所はユーザーフォルダです。それぞれ下記のパスがユーザーフォルダとなります。「パス」とは、ファイルやフォルダの場所を示す文字列のことです。

・**Windows**のユーザーフォルダは、「**C:¥Users¥**ユーザー名」

・**Mac**のユーザーフォルダは、「**/Users/**ユーザー名」

　ユーザーフォルダを開きましょう。エクスプローラーで任意のフォルダを開き、上部のアドレスバーをクリックして「C:¥Users」と入力し、 Enter キーを押します。

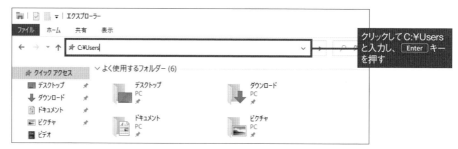

エクスプローラー

　自分の名前（ユーザー名）のフォルダをダブルクリックして開きます。これがユーザーフォルダです。なお、以下の画像では「progedu」という名前になっていますが、あなたのPCでは自分のユーザー名になっているはずです。

ユーザーフォルダを開く

　自分のユーザーフォルダ内でマウスを右クリックして［新規作成］→［フォルダー］をクリックし、新しいフォルダを作成します。

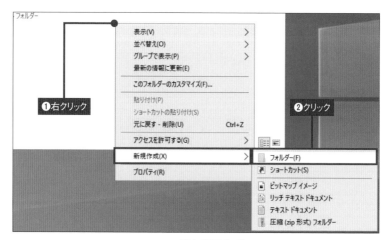

フォルダを新規作成

「workspace」と入力し、 Enter キーを押せばworkspaceフォルダが作成されます。

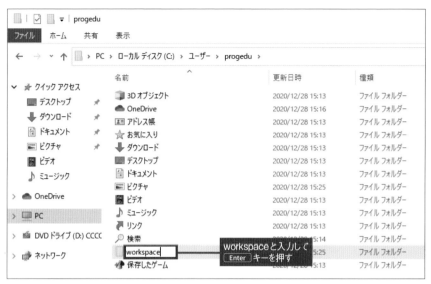

workspaceという名前でフォルダを作成

　次に、workspaceフォルダの中に、今回のプロジェクトフォルダである、「js-grammar」（JavaScriptの文法）という名前のフォルダを作成しましょう。

workspaceフォルダの中にjs-grammarフォルダを作る

　VS Codeには、プロジェクトフォルダを開く機能があります。メニューバーの［ファイル］をクリックし、［フォルダーを開く］をクリックして、作成したjs-grammarフォルダを選択して下さい。

［ファイル］→［フォルダーを開く］をクリックし、フォルダを開く

　左側に、今までに見られなかった［エクスプローラー］という列ができていることがわかるでしょうか。これが、js-grammarフォルダをプロジェクトとして開いた状態です。

js-grammarをプロジェクトとして開いた

　この中に、これまでと同様にテンプレートを利用して、HTMLファイルとJavaScriptファイルを作っていきましょう。

　1つ目の「js-calc.html」の内容は次のとおりです。js-calc.htmlを作成し、Emmet機能で「html:5」と「script:src」のテンプレートを挿入しましょう。言語とタイトル、読み込むJavaScriptのファイル名を入力すると、次の状態になります。

js-calc.html

```
<!DOCTYPE html>
<html lang="ja">
<head>
    <meta charset="UTF-8">
```

```html
    <meta name="viewport" content="width=device-width, initial-
scale=1.0">
    <title>JavaScript の計算 </title>
</head>
<body>
    <script src="calc.js"></script>
</body>
</html>
```

2つ目のJavaScriptファイル「calc.js」の中身は空っぽで構いません。

次の2つのファイルをjs-grammarフォルダの下に作ることができたでしょうか。

・**calc.js**

・**js-calc.html**

作成すると、VS Codeの画面が次のような状態になっているはずです。

js-grammarフォルダの下に2つのファイルができた

これでプログラミングをする準備が整いました。

　Chromeでjs-calc.htmlを開いて、デベロッパーツールの［Console］タブを開いてみましょう。エラーが起きていないでしょうか？　もし「ERR_FILE_NOT_FOUND」と表示された場合は「ファイルが見つからない」という意味のエラーが発生しています。きちんとファイルがあるはずなのに「見つからない」と表示されてしまった場合は、ファイル名が間違っている可能性があります。

VS Codeの機能

　VS Codeの［エクスプローラー（EXPLORER）］列では、［開いているエディター］という部分で編集中のファイルを表示し、［JS-GRAMMAR］という部分で、フォルダ内にあるファイルの一覧を表示しています。ここで表示されているファイルをクリックすると、VS Codeでファイルを開くことができます。わざわざメニューバーから開く必要がないので便利です。

［開いているエディター］とjs-grammarフォルダ内のファイルの表示

値を入れておく入れ物「変数」

　ここまではJavaScriptで簡単なプログラムを作ってきました。しかし複雑な計算や処理を行うには、1行では命令を書ききれません。プログラムで複雑な処理を記述するには、計算・処理の結果を一時的に記憶する「変数」の存在が不可欠なのです。

　変数とは、値を入れておくことができる入れ物です。変数には固有の名前を付けることができます。変数は英語でvariable（バリアブル）、これを略して「var 変数名」のように書くことで、新しい変数を作成します。これを変数の宣言といいます。たとえば、

```
var a = 10;
```

と書けば、変数「a」を作り、「10」という数値を入れることができます。

　変数の作り方がわかったら、calc.jsに次のコードを書いてみましょう。変数xに値を代入して、それをHTMLに表示させます。

```
calc.js
var x = 10;
document.write(x);
```

　コードを書き終わったらファイルを上書き保存し、Chromeで、js-calc.htmlを開いて確認します。次の図のように、「10」と表示されていれば成功です。

10と表示された

```
var x = 10;
```

　この「var x」の部分は、「x」という名前の変数を宣言しています。「x = 10;」の部分は、変数xに10という値を代入しろという命令です。「=」という記号が、等しいという意味ではなく、「代入しろ」という命令として使われます。
　次に、変数xに文字列を代入してみましょう。calc.jsを次の内容で記述して、上書き保存します。変更するのは、1行目のところだけです。

```
calc.js
var x = 'JavaScript の変数';
document.write(x);
```

　「JavaScript の変数」という文字列を、変数xに代入しています。変数にはどのような値でも代入することができるのです。Chromeで、js-calc.htmlを開いて確認してみましょう。「JavaScript の変数」という文章がHTMLに表示されていれば成功です。

文字列が表示された

　このように、「document.write(x);」という2行目の命令は同じでも、変数xに代入する値が変われば、HTMLに表示される内容も変化することがわかります。

2

なお、中学校で習う数学の場合は「変数」というとxやyのように1文字のものばかりでしたが、プログラミングでは変数の名前が1文字である必要はありません。必要に応じてわかりやすい名前を付けていきましょう。

数学の問題

　それでは、ちょっとした数学の問題を解いてみましょう。

あなたはA銀行に100万円を預けました。A銀行は預けたお金が1年で6%増えます。
10年後に増えたお金の総額はいくらでしょう？

　これは頭が痛くなりそうな問題ですね。いちいち6%をかけていったら終わる気がしません。これをプログラムにすると、次のような内容になります。calc.jsのコードを書き換えて、ファイルを上書き保存しましょう。

```calc.js
var before = 1000000;
var mul = 1.06 ** 10;
var after = before * mul;
var answer = after - before;
document.write(answer);
```

　**は「○乗」の計算を表しています。1.06 ** 10は、「1.06の10乗」です。
　js-calc.htmlをChromeで再読み込みすると、答えが表示されます。答えはおよそ79万円です。このようにJavaScriptでプログラミングをすることで、入り組んだ計算の結果を簡単に求めることができます。

TIPS **手続き型プログラミング言語**

　JavaScriptは、上から順にコードを実行していきます。そのため、calc.jsの計算式は、まず「before」や「mul」の値を計算したあと、その値を使って「after」そして「answer」を計算しています。このような、プログラムの処理の手順を、実行する順番に記述する言語のことを「手続き型プログラミング言語」と呼びます。

◉ コメント

　ここまでに JavaScript での計算の仕方を学びました。しかし複雑な計算を後から読むと、混乱してしまいます。たとえば以下の計算を見てみましょう。

```javascript
var w = 3;
var h = 10;
var area = (w * h) / 2;
document.write(area);
```

　実はこれは三角形の面積を求めるプログラムです。しかし計算が複雑なため、意図を理解しづらくなっています。対策はないでしょうか。

　コメントとは、コードの中に言葉による説明を付ける手段です。コメントは、後で改めてコードを読んだときに、何をしているのか理解しやすくするために使います。

　実際にコメントを書いてみましょう。

```javascript
// このコードは三角形の面積を求めるプログラムです。
var w = 3; // 三角形の底辺
var h = 10; // 三角形の高さ
var area = (w * h) / 2; // 三角形の面積の公式「（底辺）×（高さ）÷2」を使っ
て計算し、area という名前の変数に代入する
document.write(area); // 面積を出力する
```

　それぞれの行が、どのような意図を持っているのか説明されるため、理解の助けになります。

　このように、JavaScriptでは行の途中で「//」を入力することで、コメントにできます。「//」の後にその行に書いた内容は、コンピューターから無視されます。

　コードは1文字でも間違えると動かなくなってしまいます。しかしコメントであれば、コンピューターによって無視されるので、自由に説明を書くことができます。

　コメントは、ソースコードの意味や意図を、人間にわかりやすく書くためのものです。プログラムがどんな意図なのかを書くようにすると、わかりやすくなるでしょう。

1. 値には、「数値」「文字列」「真偽値」の**3**つがある
2. **JavaScript**では、足し算、引き算、かけ算、割り算などの数学的な計算ができる
3. 変数は、値を入れておく入れ物である
4. コメントを使うと、プログラムの意図をほかの人に説明できる

練習

半径12cmの円の面積を、HTMLに出力するプログラムを書いてみましょう。単位は平方cmとします。円の面積は半径×半径×3.14で求められます。

解答

```
calc.js
var x = 12;
var y = x * x * 3.14;
document.write(y);
```

「452.16」が答えになります。

ちなみに、変数yに代入する計算式を

```
var y = 3.14 * x * x;
```

とすると、答えが「452.15999999999997」になってしまいます。これは、小数点を含む数値のかけ算を繰り返すことで誤差が大きくなってしまうためです。

◉ チャレンジしてみよう

あなたが学校などで習ったことのある数学の問題を、JavaScriptで解いてみましょう。

JavaScriptで論理を扱う

プログラミングに欠かせない「論理」について学びます。論理を理解することで、場合によって動きが変わるプログラムを作れます。

論理とは

そもそも論理とはなんでしょうか？　実際にコードを書いてみる前に、プログラミングにおける論理とはどういうものなのかを理解しましょう。論理とは、言葉のあいまいさをなくすための道具です。あいまいな論理の例を考えてみましょう。

あいまいな論理の例

ランチメニューには、パンまたはライスが付きます

お店などでよく見かける表現ですね。

さて、以上の条件で「パンとライスの両方」を付けてもらうことはできるのでしょうか？　できないのでしょうか？　また、なぜそういえるのでしょうか。

この表現では、はっきりさせることはできません。このように、人間が普段使う言葉はどうしてもあいまいになってしまいがちです。

人間同士の会話であれば、あいまいな論理でも質問すれば解決できます。しかし、コンピューターがプログラムを書いた人に、その都度質問するわけにはいきません。

それゆえ、プログラミングではしっかりとした論理が必要となります。ただし、高度な数学や論理学といった知識を求められるわけではないのでご安心下さい。

⦿ true（真）と false（偽）

論理を扱う上で欠かせないのが「真」と「偽」という概念です。

P.93でも少し触れましたが、正しい（当てはまる）ものを真（しん）、正しくない（当てはまらない）ものを偽（ぎ）であるといいます。英語にすると、真がtrue（トゥルー）、偽がfalse（フォールス）になります。

たとえば、年齢が20歳以上ではないという条件に対し、15歳の人はtrue（真）、30歳の人はfalse（偽）となります。

日常で使わない言葉ですが、日本語における「はい」「いいえ」とほぼ同じ意味に考えて構いません。

では、実際にJavaScriptのプログラムで論理を扱っていきます。デベロッパーツールの［Console］タブで、実際に入力して Enter キーを押し、結果を確認してみましょう。

比較演算子

比較演算子（ひかくえんざんし）とは、値と値を比較することで真偽値にできる演算子（記号）です。

たとえば、以下のように

```
2 > 1;
```

2大なり1と入力してみましょう。すると、

```
true
```

という真偽値が返されるはずです。これにより、「2は1より大きい」の結果は真（true）ということがわかります。

JavaScriptにおける、いろいろな比較演算子を1と2に対して使ってみましょう。

表現	入力例	結果
1 は 2 以下	1 <= 2	true
1 は 2 以上	1 >= 2	false
1 は 2 より小さい(未満)	1 < 2	true
1 は 2 より大きい	1 > 2	false
1 は 2 と等しい	1 === 2	false
1 は 2 と異なる	1 !== 2	true

となります。

TIPS 「以上」と「より大きい」

・以上、以下
・より大きい、より小さい

これらの違いについて説明します。
　比較対象の値を含むときは、「以上」「以下」という表現を使います。逆に同じ値を含まないのであれば、「より大きい」「より小さい（未満）」という表現を使います。
　以下の比較演算子では、

```
1 <= 1;
```

この入力結果は、同じ値でも真とみなすので

```
true
```

となります。

　もちろん、これまでの計算と同様に、比較演算子を用いた計算にも変数を利用できます。デベロッパーツールのコンソールに以下のように入力してみましょう。

```
var x = 2;
var y = 1;
x > y;
```

先ほど、「2 > 1;」と入力したとき同様、trueと表示されるはずです。

また、「真偽値」という名前が示すとおり、trueやfalseも値の一種です。そのため、真偽値を変数に代入することもできます。

```
var result = 2 > 1;
```

以上のようにすると、resultという変数に「2 > 1」の結果、つまりtrueが代入されます。

result（リザルト）：結果

比較演算子を使ったプログラム

比較演算子が使えるようになったことで、プログラムで場合分けができるようになります。「js-grammar」というプロジェクトフォルダをVS Codeで開いて下さい。

js-grammarフォルダ内に以下のファイルを用意します。

- **js-logic.html**
- **logic.js**

logic（ロジック）：論理

VS Codeのエクスプローラー部分にマウスポインターを合わせると「js-grammar」と書いてある部分の上に「新しいファイル」ボタンが表示されるので、そこから作ってしまいましょう。

新規ファイルを作成する

ファイル名を入力する

js-logic.htmlの内容を以下のようにします。

js-logic.html

```html
<!DOCTYPE html>
<html lang="ja">
<head>
    <meta charset="UTF-8">
    <meta name="viewport" content="width=device-width, initial-scale=1.0">
    <title>JavaScript で扱う論理 </title>
</head>
<body>
    <script src="logic.js"></script>
</body>
</html>
```

logic.js の中身は空で構いません。

if 文の文法

プログラムで、ある条件のときにA、別の条件のときにBという処理をするような場合分けをするときは、if文という仕組みを使います。if文は次のように書きます。「a」は論理式とし、true もしくはfalseの真偽値が入ります。

```
if (a) {
    // 論理式 a の値が真のときに実行したい処理
} else {
    // 論理式 a の値が偽のときに実行したい処理
}
```

J a v a S c r i p t で プ ロ グ ラ ミ ン グ し て み よ う

2

偽のときに何もしなくてよい場合は、elseと書いてある文を省略して、次のように書くこともできます。

```
if (a) {
    // 論理式 a の値が真のときに実行したい処理
}
```

　また、条件が複数ある場合には、

```
if (a) {
    // 論理式 a の値が真のときに実行したい処理
} else if (b) {
    // 論理式 b の値が真のときに実行したい処理
} else {
    // 論理式 b の値が偽のときに実行したい処理
}
```

　このように「else if（エルス・イフ）」というキーワードを使って、2つ目の論理式を書くことができます。
　ここまで抽象的な内容を扱ったためピンと来なかった部分があっても、心配する必要はありません。具体的なプログラムを扱いながら理解していきましょう。

> **if**（イフ）：もし、〜〜ならば
> **else**（エルス）：〜〜でなければ

◉ if文を使ったプログラム

　では試しに「年齢が20歳以上のときは「成年」、そうではない場合は「未成年」と出力する」プログラムを書いてみましょう（成年の定義は2021年現在のものです）。このプログラムでは、年齢の値を変数「age」で扱い、16歳の人が成年であるかどうかを判断してみます。

```logic.js
var age = 16;
var result = null;
if (age >= 20) {
```

```
    result = ' 成年 ';
} else {
    result = ' 未成年 ';
}
document.write(result);
```

　このように記述して、logic.jsを保存し、js-logic.htmlをブラウザで表示してみましょう。「未成年」と表示されたでしょうか？

　このコードでは、ageとresultという2つの変数を宣言して、ageには16という数値を、resultには「値がない」という意味の特別な値nullを代入しています。

　ちなみに、age（エイジ）は「年齢」、result（リザルト）は「結果」という意味の英単語です。

　変数にはどのような名前でも付けることができますが、基本的には英単語にすることがプログラミングにおける慣例となっています。ただし、varやfunctionのように、JavaScriptの命令文と重複する文字列を変数の名前にすることはできません。

　if文においては、年齢が20歳以上のときには、resultに「成年」を代入して、そうでない場合には「未成年」を代入しています。そして最後に、HTMLにその結果を書き出しています。

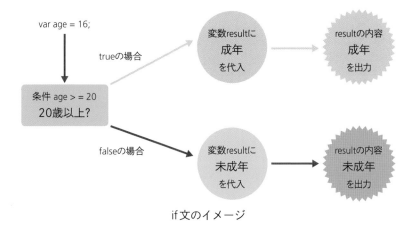

if文のイメージ

より複雑な論理を扱う

　ここまでの例では「2は1より大きいか？」「与えられた年齢は20歳以上であるか？」という1つの条件のみを扱いました。

　しかし、実際には「20歳以上ではないか？」のように否定したり「20歳以上であ

り、なおかつ女性であるか？」のように、2つ以上の条件を組み合わせないと判断できないものもあります。

そのため、論理には

1. A ではない：否定

2. A または B：論理和（ろんりわ）

3. A かつ B：論理積（ろんりせき）

4. A または B で、A かつ B ではない：排他的論理和（はいたてきろんりわ）

などの表現があります。まずはこれらを1つずつ見ていきましょう。

◉ 1. A ではない：否定

文字どおり、ある条件を否定する「ではない」を表します。英語ではNOT（ノット）といいます。

・否定の例：年齢が20歳以上ではない

この場合、20歳未満の人、つまり0歳から19歳の人が当てはまります。

◉ 2. A または B：論理和

論理和（ろんりわ）は「または」を表します。英語ではOR（オア）といいます。

・論理和の例：鉛筆またはシャープペンで記入して下さい

この場合、鉛筆で書いても、シャープペンで書いても、またはその両方で書いてもよいことになります。また、どちらにも当てはまらないもの、たとえばボールペンなどで書いてはいけないということになります。

◉ 3. A かつ B：論理積

論理積（ろんりせき）は「かつ」を表します。英語では AND（アンド）といいます。

・論理積の例：国政選挙権は、日本国民でかつ年齢が満18歳以上の時に得られる

この場合、国政選挙権を得るには、「日本国民であること」と「年齢が満18歳以上であること」の両方の条件を満たす必要があります。

「20歳のアメリカ国民」や「13歳の日本国民」などは片方の条件を満たしていないので、国政選挙権を得ることができません。

また、「15歳のドイツ国民」のように、どちらの条件も満たしていない場合も国政選挙権を得ることができません。

◉ 4.AまたはBで、AかつBではない：排他的論理和

排他的論理和（はいたてきろんりわ）は、少し複雑ですが、「AまたはB」から「AかつB」を引いたものを表します。英語ではXOR（エックスオア）といいます。

> ・**排他的論理和の例：ランチメニューではパンまたはライスのどちらか1つだけを選ぶことができます**

この場合、パンを選ぶこと、あるいはライスを選ぶことができます。しかし、パンとライスの両方、すなわち「パンかつライス」を選ぶことはできません。

日常的な感覚で単に「パンまたはライスを選べます」という場合、このように解釈することが多いです。それゆえ、日常の事象をプログラミングで考える場合には、ORとXORの違いに気をつける必要があるといえます。

これらのような条件を図で表すものを「ベン図」と呼びます。否定、論理和、論理積、排他的論理和をベン図で表すと以下のようになります。

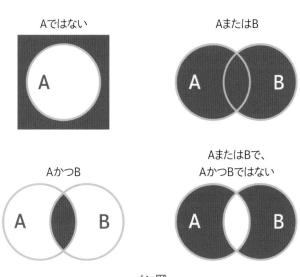

ベン図

また、プログラム上で、これらの論理を表すときには、論理演算子（ろんりえんざんし）というものを使います。

論理演算子

論理演算子とは、どのようなものでしょうか？　JavaScriptでは、それぞれ以下のように表します。

表現	名称	演算子
A ではない	否定	!
A または B	論理和	||
A かつ B	論理積	&&

では、デベロッパーツールの［Console］タブで実際にこれら3つの動きを確認していきましょう。それぞれの論理式を入力して Enter キーを押し、結果を確認していきます。

なお、これらを一気に理解する必要はありません。プログラムを書きながら理解していけば大丈夫です。

◉ Aではない：否定

表現	入力	結果
真 ではない	!true	false
偽 ではない	!false	true

「!」は論理式の前に付けることで結果を否定した内容を表します。「!」の記号のことを「NOT」と呼ぶこともあります。

◉ AまたはB:論理和

表現	入力	結果
真 または 真	true || true	true
真 または 偽	true || false	true
偽 または 真	false || true	true
偽 または 偽	false || false	false

「||」は、論理式と論理式の間に挟んで使います。「||」の記号のことを「OR」と呼ぶこともあります。なお、この記号「|」は「バーティカルバー」と呼びます。 Shift キーを押しながら、キーボードの右上にある ¥ キーを押すことで入力できます。

アルファベット大文字の「I（アイ）」や小文字の「l（エル）」、数字の「1」などと少し紛らわしい見た目なので、気をつけて下さい。

◉ AかつB:論理積

表現	入力	結果
真 かつ 真	true && true	true
真 かつ 偽	true && false	false
偽 かつ 真	false && true	false
偽 かつ 偽	false && false	false

「&&」は、論理式と論理式の間に挟んで使います。「&&」の記号のことを「AND」と呼ぶこともあります。

TIPS **「||」と「&&」**

なぜ、論理和の演算子「||」と論理積の演算子「&&」は、同じ記号を2つ重ねるのでしょうか？

それは「|」と「&」が、「ビット演算子」という別の命令の記号として使われているからです。この「ビット演算子」と区別するために、先ほど学んだ論理演算子「||」と「&&」は、記号を2つ重ねる命令で定義されているのです。

なお、この「ビット演算子」を今覚える必要はありませんので、安心して次に進んで下さい。

論理演算子を用いたプログラム

それでは、先ほどの比較演算子を用いたプログラムを応用して、論理演算子も使うようにしてみましょう。

今度は「60歳以上で、なおかつポイント会員に対して『シニア会員割引』がある映画館」を考えてみましょう。判定の対象は65歳のポイント会員としてみます。以下のようなプログラムになります。

```
logic.js
var age = 65;
var isMember = true;
var result = null;
if (age >= 60 && isMember) {
    result = ' シニア会員割引の対象です ';
} else {
    result = ' シニア会員割引の対象ではありません ';
}
document.write(result);
```

　まず、65歳のポイント会員を表すために年齢ageが65と書き換わっているほか、
isMember（会員（メンバー）であるか）という変数が作成され、真(true)が代入されて
います。

　続いて、if文の論理式が先ほどと大きく変わっています。age >= 60 && isMember
となっており、先ほど見たように複数の条件が存在します。

　これを分解してみると、age >= 60という条件とisMemberという条件が「&&（論理
積 = AND）」を用いて並べられていることがわかります。さらに、2つの条件をよく見
てみましょう。

- **age >= 60は変数ageの値が60以上か否かという意味です。**
- **isMemberではtrueやfalseなどが書かれていませんが、真偽値が格納された変
  数は比較演算子を省略できます。**
- **isMember === trueはisMemberと省略できます。**
- **isMember === falseは!isMemberと省略できます。**

　つまり、「60歳以上であり、なおかつ会員である」という条件式がif文に書かれてい
るのです。これを実行すると、HTMLに「シニア会員割引の対象です」と表示されるは
ずです。

まとめ
---

1. **JavaScript**の比較演算子を使って値を比較し、真偽値にできる
2. **JavaScript**の論理演算子を使って「ではない」「または」「かつ」の論理演算ができる
3. **if文**を使えば、論理式の結果で処理の場合分け（条件分岐）ができる

〉〉〉 **練習** 〈〈〈

　15歳以下は800円、ポイント会員は1,000円、そうでない場合には1,800円の映画のチケットがあります。年齢と会員であるかどうかを変数に代入すると、チケットの値段を教えてくれるプログラムを書いてみましょう。15歳以下かつ会員の場合には、800円となるものとします。例として、「16歳のポイント会員」のチケットの値段を出して下さい。

◉ **ヒント**

　2つ目の条件を判定するには、else if を使います。

```logic.js
var age = 16;
var isMember = true;
var result = null;
if (age <= 15) {
    result = 800;
} else if (isMember) {
    result = 1000;
} else {
    result = 1800;
}
document.write(result);
```

以上が答えとなります。「1000」という結果がHTMLに出力されます。

◉ チャレンジしてみよう

　あなたの身近な、ある値に対して判定を行って結果を出す問題を解いてみましょう。たとえば、「100点満点のテストで、30点より低い場合は"補習"、30点以上かつ80点より低い場合は"合格"、80点以上の場合は"優"と出力する」場合、どのようにif文を書けばよいでしょうか。

JavaScriptのループ

「**1**から**100,000**までの数を書き出す」プログラムを作るとき、ループとい
う機能を使うことで、繰り返しの作業を簡単に書けます。

ループで繰り返し処理を実行する

　ループとは、プログラムにおいて繰り返しを行う処埋のことをいいます。JavaScript
でループを行うときには、for文を使います。

◉ JavaScriptでのfor文

　それではさっそくJavaScriptでfor文を書いてみましょう。100回繰り返し処理を行
うfor文は、次のような内容になります。

```
for (var i = 0; i < 100; i++) {
    // 100 回繰り返しを行いたい処理
}
```

　このfor文がどのような意味なのかひとつひとつ見ていきましょう。

```
var i = 0
```

　まずこの部分は、初期化式といって、ループを開始する前に実行される処理です。
ここでは、変数iを宣言して0を代入しています。この処理は最初の1回だけ実行され
ます。

```
i < 100
```

　次にこの部分は、条件式といい、繰り返しの処理を実行するかどうかを判断する論
理式を書きます。ここでは、「変数iが100より小さいときに繰り返しの処理を実行す

る」という意味の論理式を書いています。

```
i++
```

　最後にこの部分は、変化式といって、ループの繰り返し処理を繰り返すごとに実行される処理です。この「i++」という書き方は、次の代入命令を簡略化して書いたもので、数値iを1だけ増やして再代入するという処理をします。

```
i = i + 1
```

　まとめると、for文の構造は次のようになります。

```
for ( 初期化式 ; 条件式 ; 変化式 ) {
    // 繰り返しを行いたい処理
}
```

　今回のプログラムは、変数iが0からはじまり（初期化式）、繰り返し処理を繰り返すごとに1ずつ数値が大きくなり（変化式）、100になると繰り返し処理を終了する（条件式）という意味になります。つまり、変数iが0から99になるまでの間の100回、処理を繰り返すわけです。

for文の処理順序

　今度はfor文の処理順序を見ていきましょう。
　for文は下図の数字の順番で処理されていきます。

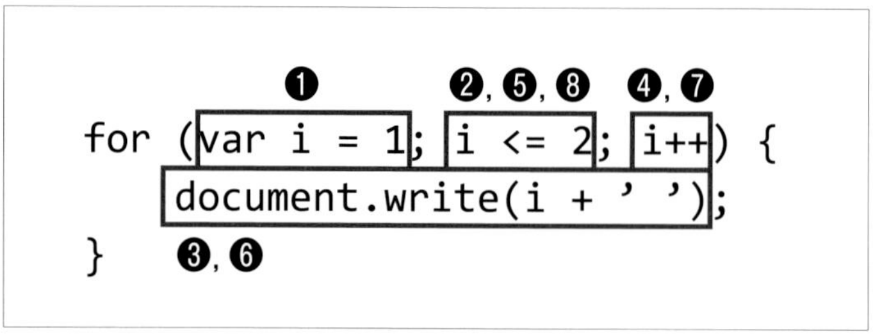

for文の処理順序

図のfor文では2回だけループします。

①：変数iに**1**が代入される

②⑤⑧：条件式によってループをするかチェックする

③⑥：ループする場合、**{}**の間に記述されているプログラムを実行する

④⑦：変化式にしたがって**i**の値が**1**大きくなる

for文で1から100,000までの数値を書き出す

それでは「1から100,000までの数を書き出す」という問題にチャレンジしてみましょう。js-grammarフォルダ内に以下のファイルを用意します。

・**js-loop.html**

・**loop.js**

VS Codeのjs-grammarと書いてあるラベルの上にマウスポインターを合わせると、[新しいファイル] ボタンが表示されるので、このボタンをクリックしてファイルを作りましょう。

それぞれのファイルの内容を以下のようにします。

`js-loop.html`

```html
<!DOCTYPE html>
<html lang="ja">
<head>
    <meta charset="UTF-8">
    <meta name="viewport" content="width=device-width,
initial-scale=1.0">
    <title>JavaScript のループ</title>
</head>
<body>
    <script src="loop.js"></script>
</body>
</html>
```

`loop.js`

```javascript
for (var i = 1; i <= 100000; i++) {
    document.write(i);
}
```

```
for (var i = 1; i <= 100000; i++) {
```

の変数iは1から開始します。1から100000までをHTMLに書き出したいので、ループの条件式は100000以下です。

```
document.write(i);
```

で変数iを書き出しています。

では、さっそく保存して、Chromeで読み込んで確認してみましょう。どうでしょうか？　1から100000までの数が書き出されたでしょうか。

```
123456789101112131415161718192021222324252627282930313
```

数字の書き出し

確かに書き出されてはいますが、数字の区切りがないので少し見づらいですね。また、1から100000までの数字がひと続きの文字列として扱われたため、改行（折り返し）もされていません。

見やすくする方法はいくつか考えられますが、数字と数字の間に空白（半角スペース）があれば見やすくなりそうです。

そこで、loop.jsのコードを以下のように書き換えてみましょう。

`loop.js`

```
for (var i = 1; i <= 100000; i++) {
    document.write(i + ' ');
}
```

```
document.write(i + ' ');
```

書き換えたこの部分は少し難しいですが、変数iに半角スペースを連結して出力するというコードです。では、loop.jsを保存してChromeで再読み込みして下さい。

どうでしょうか？　数字と数字の間に空白が表示され、見やすくなったのではないでしょうか。

```
1 2 3 4 5 6 7 8 9 10 11 12 13 14 15 16 17 18 19 20 21 22 23 24 25 26 27 28 29 30 31
32 33 34 35 36 37 38 39 40 41 42 43 44 45 46 47 48 49 50 51 52 53 54 55 56 57 58 59
60 61 62 63 64 65 66 67 68 69 70 71 72 73 74 75 76 77 78 79 80 81 82 83 84 85 86 87
88 89 90 91 92 93 94 95 96 97 98 99 100 101 102 103 104 105 106 107 108 109 110
111 112 113 114 115 116 117 118 119 120 121 122 123 124 125 126 127 128 129 130
131 132 133 134 135 136 137 138 139 140 141 142 143 144 145 146 147 148 149 150
```

数字の書き出しが見やすくなった

　また、空白が追加されてひと続きの文字ではなくなったことで、自動的に改行（折り返し）されるようになっています。

　もしこれを手でHTMLに書き込んだとしたら、打ち込むのに1つ1秒としても、28時間近く休みなく打ち込みをしなくてはいけません。途方もないですね……。コンピューターは、このような繰り返しの処理がとても得意です。プログラムを書けば、このような処理を一瞬で実行できます。

ま と め
---

1. 同じ命令を何度も繰り返す処理は、**JavaScript**の**for**文を使うことで簡単に書ける
2. **for**文では、初期化式、条件式、変化式の**3**つの式で、繰り返す回数をコントロールする

2

JavaScriptでプログラミングしてみよう

　ここまでに書いた for 文を使って、10万までの数で Fizz Buzz（フィズ・バズ）を実装（組み込むこと）してみましょう。

　Fizz Buzz とは、数字を数えていく英語圏の言葉遊びで、1 から順番に数字を発言していきます。3 で割り切れる場合は「Fizz」、5 で割り切れる場合は「Buzz」、両方で割り切れる場合（すなわち 15 で割り切れる場合）は「FizzBuzz」を、数の代わりに発言します。

　つまり、普通に数字を数えていくと 1 2 3 4 5 6 7 8 9 10 11 12 13 14 15 16 17 18 19 20 …となりますが、Fizz Buzz のルールのもとで数字を数えていくと 1 2 Fizz 4 Buzz Fizz 7 8 Fizz Buzz 11 Fizz 13 14 FizzBuzz 16 17 Fizz 19 Buzz … のようになります。

　以下のように、「JavaScript で論理を扱う」の節で学習した if 文を使うことで「3 で割り切れる数」の処理を書くことができます。

```
if (i % 3 === 0) {
    // 3 で割り切れる場合の処理
}
```

　「%」は剰余演算子（じょうよえんざんし）と呼び、前の数を後ろの数で割った余りが計算できます。

解答

```javascript
for (var i = 1; i <= 100000; i++) {
    if (i % 15 === 0) {
        document.write('FizzBuzz ');
    } else if (i % 5 === 0) {
        document.write('Buzz ');
    } else if (i % 3 === 0) {
        document.write('Fizz ');
    } else {
        document.write(i + ' ');
    }
}
```

　以上が答えとなります。空白を設けるために「FizzBuzz 」のように、単語の末尾に半角スペースを入れています。

　このとき、i % 15 === 0を一番上の条件に書く必要があります。そうしないと、15の倍数は3の倍数でもあり5の倍数でもあるため、先に3や5の倍数の処理が行われてしまい、15の倍数に関する処理が行われないからです。気をつけましょう。

```
143 Fizz Buzz 146 Fizz 148 149 FizzBuzz 151 152 Fizz 154 Buzz Fizz 157 158 Fizz Buzz 161 Fizz 163
164 FizzBuzz 166 167 Fizz 169 Buzz Fizz 172 173 Fizz Buzz 176 Fizz 178 179 FizzBuzz 181 182 Fizz 184
Buzz Fizz 187 188 Fizz Buzz 191 Fizz 193 194 FizzBuzz 196 197 Fizz 199 Buzz Fizz 202 203 Fizz Buzz
206 Fizz 208 209 FizzBuzz 211 212 Fizz 214 Buzz Fizz 217 218 Fizz Buzz 221 Fizz 223 224 FizzBuzz 226
227 Fizz 229 Buzz Fizz 232 233 Fizz Buzz 236 Fizz 238 239 FizzBuzz 241 242 Fizz 244 Buzz Fizz 247
248 Fizz Buzz 251 Fizz 253 254 FizzBuzz 256 257 Fizz 259 Buzz Fizz 262 263 Fizz Buzz 266 Fizz 268
269 FizzBuzz 271 272 Fizz 274 Buzz Fizz 277 278 Fizz Buzz 281 Fizz 283 284 FizzBuzz 286 287 Fizz 289
Buzz Fizz 292 293 Fizz Buzz 296 Fizz 298 299 FizzBuzz 301 302 Fizz 304 Buzz Fizz 307 308 Fizz Buzz
311 Fizz 313 314 FizzBuzz 316 317 Fizz 319 Buzz Fizz 322 323 Fizz Buzz 326 Fizz 328 329 FizzBuzz 331
332 Fizz 334 Buzz Fizz 337 338 Fizz Buzz 341 Fizz 343 344 FizzBuzz 346 347 Fizz 349 Buzz Fizz 352
353 Fizz Buzz 356 Fizz 358 359 FizzBuzz 361 362 Fizz 364 Buzz Fizz 367 368 Fizz Buzz 371 Fizz 373
```

Fizz Buzz が出力された

● チャレンジしてみよう

　for文を使って、何かおもしろいことができないか試してみましょう。

SECTION 09 JavaScriptのコレクション

「各学年A組、B組、C組、D組まである高校の、全学年のクラス一覧を作る」といった、特定の要素の集まりに対する処理を学びます。

コレクション

コレクションとは、値などの要素の集まりのことをいいます。マンガやトレーディングカードのコレクション —— といった使い方をする、あのコレクションです。JavaScriptにおける基本的なコレクションに、配列というものがあります。

 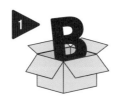 

コレクションのイメージ

配列とは

配列とは、複数の値を連続的に並べたもののことです。JavaScriptで配列は、Array（アレイ）と呼びます。

◉ JavaScriptでの配列

配列は、JavaScriptで次のように表現します。

```
['A組', 'B組', 'C組', 'D組'];
```

配列は、変数に代入することもできます。変数classesに上の配列を代入するには、

次のように記述します。

```
var classes = ['A組', 'B組', 'C組', 'D組'];
```

上の例では配列に文字列を入れましたが、数値を入れることもできます。実のところ変数に入れられる値であれば、文字列や数値のほか、真偽値や配列そのものなど、なんでも配列に入れることができます。

```
var numbers = [342, 493, 532, 693];
```

また配列の中身は、配列の変数に対して番号（整数のみ可）を指定することで取り出せます。この番号のことを、添字（そえじ）といいます。Chromeのデベロッパーツールで［Console］タブを開き、実際に試してみましょう。

まずは、次のコードを入力しましょう。変数classesに配列を代入します。配列の中には、A組〜D組の文字列が入っています。

```
var classes = ['A組', 'B組', 'C組', 'D組'];
```

◉ 要素の取り出し

変数classesから、1番目の要素を取り出してみましょう。次のコードを入力して Enter キーを押すと、「A組」という結果が表示されるはずです。

```
classes[0];
```

```
"A組"
```

今度は、2番目の要素を取り出してみましょう。次のコードを入力すると、

```
classes[1];
```

```
"B組"
```

と表示されます。

「classes[1]」がB組であることに違和感があるかもしれませんが、配列の添字は「0」からスタートするのです。今回の変数classesの場合、添字と結果の関係は、次の表のようになります。

入力	結果
classes[0];	"A組"
classes[1];	"B組"
classes[2];	"C組"
classes[3];	"D組"
classes[4];	undefined

含まれている要素の数を超えた添字を使うと、「undefined（アンディファインド）」という値が出力されます。undefinedは、定義がされていないという意味の特別な値です。

◉ 配列の内容を確認する

配列は、「console.log(配列が入っている変数);」という記述を利用して、コンソールで中身を確認することができます。試してみましょう。次のようにコンソールに入力してみましょう。

```
var classes = ['A組', 'B組', 'C組', 'D組'];
console.log(classes);
```

すると、「["A組", "B組", "C組", "D組"]」と表示されます。

◉ 配列に要素を追加する

配列には、要素を追加することもできます。要素を追加している例を書いて、実際にどのような動きをするのか確認してみましょう（コメントの入力は不要です）。

```
var a = [];              // 空の配列を変数 a に代入する
console.log(a);          // [] と表示される
console.log(a.length);   // 0 と表示される
```

```
a.push('X');            // 変数 a に "X" を追加する
console.log(a);          // ["X"] と表示される
console.log(a.length);   // 1 と表示される
a.push('Y');            // 変数 a に "Y" を追加する
console.log(a);          // (2)["X", "Y"] と表示される
console.log(a.length);   // 2 と表示される
```

　このように、配列が入っている変数名に続けて「.push(追加したい要素)」と記述することで、要素を追加できます。

　また、配列の変数名の後ろに「.length」と書くことで、配列の長さを整数値で得ることができます。この機能は、配列の長さを基準にfor文の繰り返し回数を設定するときなどに使います。

> **push**（プッシュ）：押す、押し進める
> **length**（レングス）：長さ

全クラスのリストを作成する

　ここまで習ったことを使って、「各学年A組、B組、C組、D組がある高校の、全学年のクラス一覧を作る」という問題にチャレンジしましょう。

　js-grammarフォルダ内に以下のファイルを用意します。

　・**js-collection.html**
　・**collection.js**

　VS Codeのjs-grammarと書いてあるラベルの上にマウスポインターを合わせると、[新しいファイル]ボタンが表示されるので、このボタンをクリックして作りましょう。

　それぞれのファイルの内容を以下のようにします。

js-collection.html
```
<!DOCTYPE html>
<html lang="ja">
<head>
```

```
    <meta charset="UTF-8">
    <meta name="viewport" content="width=device-width,
initial-scale=1.0">
    <title>JavaScript のコレクション </title>
</head>
<body>
    <script src="collection.js"></script>
</body>
</html>
```

```
var classes = ['A組', 'B組', 'C組', 'D組'];

for (var grade = 1; grade < 4; grade++) {
    for (var i = 0; i < classes.length; i++) {
        // <p>○年○組 </p> という文字列を作る
        document.write('<p>' + grade + '年' + classes[i] + '</p>
');
    }
}
```

複雑なのでゆっくり説明していきます。

```
var classes = ['A組', 'B組', 'C組', 'D組'];
```

ここでは、A組〜D組の4つの要素を持つ配列を、変数classesに代入します。

```
for (var grade = 1; grade < 4; grade++) {
```

1つ目（外側）のfor文では、変数gradeが1から3になるまでの3回繰り返し処理を行います。grade（グレード）は「学年」を表す英語で、このプログラムでも学年を意味する変数として使用します。

```
for (var i = 0; i < classes.length; i++) {
```

2つ目（内側）のfor文は、一学年のクラスの数、すなわち4回繰り返し処理を行う

for文になっています。条件式の「classes.length」は、変数classesの要素数を数える命令です。

> collection.js：文字列をHTMLに書き出す
> ```
> document.write('<p>' + grade + '年' + classes[i] + '</p>');
> ```

　このコードは、学年とクラス名を結合した文字列を、HTMLに書き出す命令です。外側のfor文で3回、内側のfor文で4回実行されます。

　ここまでで、3かける4で12回ループするので、その回数HTMLを書き出します。「classes[i]」という部分は、変数iの値を添字として、「○組」という文字列を配列から取り出しています。

　これでHTMLを確認すると、1つの段落に1つのクラスが出力されて、

1年A組
1年B組
1年C組
1年D組
2年A組
2年B組
2年C組
2年D組
3年A組
3年B組
3年C組
3年D組

　このようにHTMLに表示されます。

二重ループの処理の順番

　二重ループにおける、処理の順番を見てみましょう。次の図は、先ほど実行したプログラムの実行順序に番号を付けたものです。

```
      ❶               ❷,❽         ❼
for (var grade = 1; grade < 4; grade++) {

      ❸,❾          ❹                    ❻
    for (var i = 0; i < classes.length; i++) {

      ❺
        document.write('<p>' + grade + '年' + classes[i] + '</p>');


    }

}
```

二重ループの処理順序

①・②：最初に外側の**for**文が開始される

③〜⑥：続いて、内側の**for**文が開始される。今回の例の場合、**classes**という配列の長さだけ、つまり**4**周して、内側の**for**文が完了する

⑦：内側の**for**文が完了したので、外側の**for**文の処理に戻る。**grade**変数に**1**足して（インクリメントして）、値を**2**にする

⑧：**grade**変数の値は**2**であり、**2 < 4**は**true**となるので、外側の**for**文の**2**周目に入る

⑨：続いて、内側の**for**文が開始される。③〜⑦のときと同様の処理が行われる

以下、同様の処理が繰り返され、外側のfor文が終了するまで処理を繰り返します。

───── まとめ ─────

1. **JavaScript**では、配列で複数の要素を扱える
2. **0**以上の整数値を添字として指定することで、配列の中に含まれる要素を取得できる
3. **for**文の中に**for**文を入れ、二重の繰り返し処理を行うことができる

132

《 **練習** 》

'あ', 'い', 'う', 'え', 'お', 'か', 'き', 'く', 'け', 'こ'

　このような、あ行とか行の文字を使った2文字で、ペットの名前を考えようとしています。全ての名前を HTML に書き出すプログラムを作ってみましょう。

ああ
あい
…
here → ここ

　このような内容が HTML に出力されるようにしてみましょう。

◉ ヒント

　あ行とか行の文字を入れた配列変数「chars」を宣言し、この変数をループで処理することで文字の組み合わせを作ります。変数charsは次のように宣言します。

変数chars

```
var chars = ['あ', 'い', 'う', 'え', 'お', 'か', 'き', 'く', 'け
', 'こ'];
```

```
var chars = ['あ', 'い', 'う', 'え', 'お', 'か', 'き', 'く', 'け
', 'こ'];
for (var i = 0; i < chars.length; i++) {
    for (var j = 0; j < chars.length; j++) {
        document.write('<p>' + chars[i] + chars[j] + '</p>');
    }
}
```

このコードでは、配列の変数charsに対し、外側と内側の2つのfor文を使って文字の組み合わせを作っています。なお、charは文字を意味する英語character（キャラクター）の略です。外側のループで使っている変数iを、charsから1文字目を取り出す添字とし、内側のループで使っている変数jを、charsから2文字目を取り出す添字として使っています。

二重ループのイメージ図

なお、上記の答えでcharsとしている変数の名前を好きなものに変えることはできますが、nameという名前にするときちんと動作しないためご注意下さい。nameという変数名はすでにブラウザに関する部分で使用されており、次ページから学ぶ「関数」の中以外でnameという名前の変数を使用すると、ブラウザに関するものが呼び出されるため、予期しない動作をします。

◉ チャレンジしてみよう

あなたの身の回りにある複数のコレクションを組み合わせて、組み合わせ一覧を作ってみましょう。たとえば、「1×1」～「9×9」までの九九の一覧や、人物同士の組み合わせの一覧などを作ってみましょう。

JavaScriptの関数

ここでは、複数の処理をひとまとめにして使いやすくする関数を利用して、自分が生まれてからの秒数をアニメーションで表示します。

変数の名前の付け方

ageやisMemberなど、皆さんはここまでで何度か変数に名前を付けてきました。ここで変数の名前の付け方を学んでおきましょう。

◉ 変数に使える文字列

基本的には半角英数字を使用します。また、JavaScriptの仕様上は「var ニコニコ = 2525;」のように日本語の変数名も利用できますが、日本語の変数名が利用されることはあまり想定されていません。そのため、予想できない不具合の原因となったり、海外の開発者とやりとりするときトラブルになったりするので、基本的に英語を使うものだと考えておいて下さい。どうしても英語が思いつかないときでも、ローマ字を使うようにしましょう。

また、JavaScriptの命令として存在しているものを変数名として使用することはできません。たとえば「var var;」や「var if;」、「var for;」と入力すると、エラーが発生します。

◉ 英単語の探し方

基本的には英語を使うといっても、なかなか英単語が思いつかないときもあります。そういった場合はオンラインの和英辞典を活用しましょう。goo和英辞書（プログレッシブ和英中辞典）やWeblio英和辞典・和英辞典といったサービスは無料で利用できます。

◉ 単語のつなげ方

変数の内容によっては「user information」のように複数の単語をつなげることが出

てくるはずです。英語では単語を半角スペースで区切りますが、JavaScriptでは半角スペースを入れてしまうと1つの変数名として機能しません。しかし、「userinformation」のようにスペースを使わずに単語をつなげてしまうと読みづらくなってしまいます。

　ここで登場するのがキャメルケース（camel case）です。キャメルは英語でラクダを意味します。キャメルケースでは、スペースを使わずに単語をつなげて各単語の先頭を大文字にします。なお、最初の単語は小文字にします。

　　　・user information → userInformation
　　　・pen pineapple apple pen → penPineappleApplePen

　ほかにもスネークケースというアンダースコア（_）で単語をつなぐ記法や、ケバブケース（チェインケース）というハイフン（-）で単語をつなぐ記法もあります。

	キャメルケース	スネークケース	ケバブケース
user information	userInformation	user_information	user-information
pen pineapple apple pen	penPineappleApplePen	pen_pineapple_apple_pen	pen-pineapple-apple-pen

　これら3つの記法は、言語別に使い分けられることが多いといえます。

　JavaScriptは、変数名にハイフンが利用できないことや慣例から、キャメルケースが使われます。

　一方、HTMLのidやclassではケバブケースが用いられます。また、本書では学びませんが、Pythonという言語では変数名にスネークケースが用いられます。

　また、これから学ぶ関数も、変数と同じ方法で名前を付けることができます。

関数とは

　関数とは、ひとかたまりの処理に名前を付けて、再利用できるようにしたものです。実は、ここまでで紹介してきた「alert('警告');」のalertの部分、「console.log('ログ');」のlogの部分、「document.write('HTML');」のwriteの部分はそれぞれ関数の名前であり、上記はどれも関数を利用する記述でした。

　これらの関数は「組み込み関数」といって、ブラウザで最初に使えるようにしてある関数です。つまり、すでにみなさんは関数を使っていたことになります。

　これらの関数を自分で作ることもできます。次のコードは、現在の日時をコンソールに出力する処理をまとめたものです。まず最初に「関数」という意味の「function」という宣言を書き、その後に「logDate」という関数名を設定しています。関数名の後には、( )を書いて、{ }の中に処理を書きます。

関数を自分で作る
```
function logDate() {
    console.log(new Date());
}
```

　実際に関数を作って実行してみましょう。Chromeのデベロッパーツールの［Console］タブを開き、上のコードを入力します。

　最初の「{」のあとの改行は、 Shift ＋ Enter キーを押して入力する必要があります。というのも、コンソール上で普通に Enter キーを押すと、その時点でプログラムが実行されてしまうためです。最後の「}」のあとは、実行したいので Enter キーを押して構いません。

　なお、

```
new Date()
```

　という記述は、現在の日時を値として取得できる記述です。このような「new」を用いた記法も、一種の関数の呼び出しといえますが、内容がやや高度なため、ここでの説明は省略します。つまりlogDate関数では、現在の日時を値として取得し、それをコンソールに出力するという処理をまとめているわけです。

　関数の入力後は、次のように関数を呼び出すコードを入力して、 Enter キーを押します。

logDate関数を呼び出す
```
logDate();
```

　「logDate();」と入力するたびに、次のような形式で、現在の日付と時間が表示されます。これが関数の基本的な使い方です。

```
function logDate() {
  console.log(new Date());                    ┐── 関数の宣言
}
logDate();                                     ┐── 関数を実行
logDate();
Wed Feb 03 2021 02:08:43 GMT-0900 (GMT-09:00)  ┐── 関数の結果
Wed Feb 03 2021 02:08:43 GMT-0900 (GMT-09:00)
```

コンソールを開いて、logDate関数を入力すると、現在の日付と時間が表示される

◉ 関数に渡す値によって処理を変える

logDate関数は、「現在の日時を値として取得し、それをコンソールに出力する」という2つの処理をひとかたまりにしただけでした。ですが、これでは決まりきった処理しかできません。たとえば、数値を2乗する関数「square」を作るとしましょう。これまで学んできた方法だと、次のような関数になります。

5の2乗を求める関数
```
function square() {
    console.log(5 * 5);
}
```

しかしこの関数では、5の2乗しか求めることができません。関数に渡した値を2乗して出力する柔軟なプログラムにするには、次のように記述します。

数値の2乗を求める関数
```
function square(n) {
    console.log(n * n);
}
```

この例で( )の中に入っている「n」は、引数（ひきすう）と呼ばれます。引数は、関数を呼び出すときに、関数に渡すデータのことです。関数を呼び出すときに( )の中に値を入力することで、その値が関数の変数nに渡され、変数nを使って計算を実行してくれるというわけです。

Chromeのデベロッパーツールの [Console] タブを開いて、上の関数を入力したあと、次のコードを参考に関数を呼び出してみましょう。

```
関数に引数を与える
square(3);
```

（ ）の中に3を入力したときは「9」、12を入力したときは「144」と表示されるはずです。

◉ 関数の呼び出し元に値を戻す

プログラムを作っていると、関数の中で処理したデータを別のところで使いたいことも出てきます。このように関数の中で処理を完結するのではなく、関数の呼び出し元に処理したデータを戻したいときは、return文を使います。returnの後ろにデータを記述すると、そのデータが関数の呼び出し元に戻されます。

先ほど作った関数squareを書き換えて、データを戻すように変更しましょう。コンソールに次のコードを入力して下さい。

```
値を返す関数
function square(n) {
    return n * n;
}
```

2行目の「return n * n」は、「n * n」の結果を、この関数の結果として戻すという意味です。この関数の結果のことを、戻り値といいます。JavaScriptでは、戻り値を記述するためにreturn文を用います。

関数の入力後、次のように関数を呼び出すと、変数resultに関数の結果「144」が代入されていることが確認できます。

```
値を返す関数を呼び出す
var result = square(12);
console.log(result);
```

2

JavaScriptでプログラミングしてみよう

square関数の戻り値を変数resultに代入し、「console.log」で出力した

関数を使ってアニメーションを作ってみよう

　ここまで習った関数を活用して、自分が生まれてからの秒数をアニメーションで表示してみましょう。

　js-grammarフォルダ内に以下のファイルを用意します。

　　・js-function.html
　　・function.js

　VS Codeのjs-grammarと書いてあるラベルの上にマウスポインターを合わせると、［新しいファイル］ボタンが表示されるので、このボタンをクリックしてファイルを作りましょう。

　まず最初にHTMLを入力しましょう。次のコードを入力して下さい。

```
js-function.html
<!DOCTYPE html>
<html lang="ja">
<head>
    <meta charset="UTF-8">
    <title>JavaScript の関数</title>
</head>
<body>
    <p id="birth-time"></p>
```

```
      <script src="function.js"></script>
  </body>
  </html>
```

　今回は「生まれてからの秒数」を表示するために、bodyタグ内にpタグを追加しています。pタグにはidという属性を使い、中身がからっぽのpタグに専用の名前「birth-time」を付けています。名前を付けておくことで、JavaScriptのプログラムの中からこのタグの内容を調べたり、書き換えたりすることができます。

　JavaScriptのほうは、次のように入力します。

function.js
```
  var myBirthTime = new Date(1982, 11, 17, 12, 30);
  function updateParagraph() {
      var now = new Date();
      var seconds = (now.getTime() - myBirthTime.getTime()) / 1000;
      document.getElementById('birth-time').innerText =
          '生まれてから ' + seconds + ' 秒経過。';
  }
  setInterval(updateParagraph, 50);
```

　コードの内容を1行ずつ見ていきましょう。

function.js：1行目
```
  var myBirthTime = new Date(1982, 11, 17, 12, 30);
```

　1行目のコードは、1982年11月17日12時30分を誕生日として、myBirthTimeという変数に代入しています。

　Date関数の引数の月は0～11で指定します（1月は0、2月は1というように）。

function.js：2行目
```
  function updateParagraph() {
```

　2行目で、updateParagraphという名前の関数を用意しています。この関数で、生まれた日から現在までの秒数を計算して、HTMLに表示させます。引数は使いません。

update（アップデート）：更新する
paragraph（パラグラフ）：段落。HTMLのpタグはparagraphの略

```
var now = new Date();
```

date（デート）：日付

3行目からは関数の処理部分となります。関数内で、まず現在の日時の値を取得して、nowという変数に代入しています。

```
var seconds = (now.getTime() - myBirthTime.getTime()) / 1000;
```

日時の値から、.getTime()を実行することで、その日時の1970年1月1日からの経過時間を整数で取得できます。このとき気をつけたいのが、この整数の単位がミリ秒だということです。ミリ秒とは、1000分の1秒のことをいいます。JavaScriptでは、1970年1月1日00:00:00を基準の日時として日付のデータを扱います。.getTime()で1970年1月1日からの経過時間を取得するのはそのためです。

「now.getTime()」は基準日から現在の日時までの経過時間を表し、「myBirthTime.getTime()」は基準日から自分の誕生日までの経過時間を表します。この2つを引き算することで、自分の誕生日から現在の日時まで、どれだけの時間が経っているかを求められるわけです。

ただし、この経過時間はミリ秒のため、さらに1000で割って秒に変換する必要があります。これが最後に「/ 1000」を記述している理由です。

```
document.getElementById('birth-time').innerText =
    '生まれてから' + seconds + '秒経過。';
```

これは、先ほどHTMLで設定したid属性のp要素に「'生まれてから' + seconds + '秒経過。'」という文字列を設定するための記述です。

document.getElementByIdという関数は、文字列で渡されたid属性のHTML要素を取得することができます。

element（エレメント）：要素
inner（インナー）：内側の

`function.js：8行目`

```
setInterval(updateParagraph, 50);
```

interval（インターバル）：間隔

　setIntervalは、指定された関数を、指定されたミリ秒ごとに繰り返し実行するという関数です。ここでは、updateParagraph関数を、50ミリ秒ごとに繰り返し実行するようになります。

　関数は、定義されている処理自体を呼び出す際にはupdateParagraph()のように「()」を関数名の後ろに付けて利用しますが、「()」を付けないことで関数自体を変数として扱ったり、関数自体を引数として使ったりできます。

　まとめると、

- **updateParagraph**関数を定義する
- 関数の中で現在の日時を取得する
- 誕生日からの秒数を取得する
- **HTML**の**p**タグの中身を更新する

という処理を updateParagraph関数にまとめ、この関数を50ミリ秒ごとに繰り返し呼び出して実行しています。

生まれてから1203339158.325秒経過。

生まれてから1203339163.325秒経過。

生まれてから1203339183.376秒経過。

生まれてから1203339193.185秒経過。

生まれてからの秒数のアニメーション

テンプレートリテラル

生まれてから経過した秒数を表示するコードは以下の通りでした。

```
document.getElementById('birth-time').innerText =
    '生まれてから' + seconds + '秒経過。';
```

このコードはES6において以下のように書き換えることができます。

```
document.getElementById('birth-time').innerText =
    `生まれてから${seconds}秒経過。`;
```

　バッククォート「`」で文字列を囲めば、ドル記号と波括弧「${ }」を使って変数を埋め込むことができるのです。この書き方をテンプレートリテラルといいます。覚えておくようにしましょう。
　また、テンプレートリテラルにはこのほかにもメリットがあります。興味のある方は調べてみて下さい。

まとめ

1. 関数は、複数の処理をまとめたもの
2. 関数では、必要に応じて引数として、処理に値を与えることができる
3. 関数では、戻り値として、処理の結果となる値を返すことができる

練習

「JavaScriptでの計算」における練習問題では「半径12cmの円の面積が何平方cmかをHTMLに出力するプログラム」を書いてみました。

今回は、どのような半径に対しても面積を求められる関数を作りましょう。そして、その関数を用いて半径5cm、10cm、15cmの円の面積をHTMLに出力するプログラムを書いてみましょう。

（円の面積は半径×半径×3.14で求められます）

解答

```
function areaOfCircle(r) {
    var area = r * r * 3.14;
    return area;
}
document.write('<p>半径 5cm の円の面積は ' + areaOfCircle(5) + 'です.
</p>');
document.write('<p>半径 10cm の円の面積は ' + areaOfCircle(10) + 'で
す.</p>');
document.write('<p>半径 15cm の円の面積は ' + areaOfCircle(15) + 'で
す.</p>');
```

半径を引数として、円の面積を戻り値とするareaOfCircleという関数を定義しています。また、document.writeの中でその関数を呼び出し、面積をHTMLに表示しています。

なお、変数の名前に使用している「area」は「面積」を意味する英単語で、「r」は「半径」を意味する英単語radius（レイディアス）の頭文字です。

また、関数の中で変数を宣言せずに以下のような書き方をしても同じ動きをします。

```
function areaOfCircle(r) {
    return r * r * 3.14;
}
```

　この問題のように、シンプルな関数であればこの書き方でも問題はありません。し
かし、より複雑な関数になったときは「どんな意味の値が戻り値になるのか」という
ことを明確にしたほうが読みやすく、間違えにくくなります。これを「コードの保守
性・メンテナンス性が上がる」といいます。

　そのため、戻り値のためになるべく変数を宣言する癖をつけておくほうが望ましい
でしょう。

◉ チャレンジしてみよう

　自分が欲しいと考える便利な関数を作ってみましょう。円だけではなくほかの図形
の面積を求める関数を作ってもよいですし、全く違う便利なものを作ってみるのも
よいでしょう。

JavaScriptのオブジェクト

ここでは、「時間あてゲーム」を作りながら、オブジェクトという機能を紹介していきます。

オブジェクトとは

オブジェクト（object）とは、JavaScriptにおける値の1つです。オブジェクトは、プロパティという、名前と値のセットを複数持つことができます。

学校の生徒を例に考えてみましょう。生徒は、氏名や年齢、クラスなどさまざまな特徴を持っています。これがプロパティです。そしてプロパティは、「氏名：太郎」「年齢：15歳」「クラス：B組」のように、名前と値のセットで成り立ちます。

ではさっそく、オブジェクトの書き方を見てみましょう。

生徒のオブジェクトを作る

```
var student = {
    name: '太郎',
    age: 15
};
```

オブジェクトは、{ }で宣言し、その中にプロパティを「プロパティ名：値」の形式で宣言します。プロパティが複数ある場合には「,」（カンマ）で区切ります。

上記の例では、nameとageという2つのプロパティを持つオブジェクトを作り、studentという変数に代入しています。15歳の太郎さんという生徒を表したオブジェクトです。

このように、現実世界のものを単純化して表現したものをモデルといい、単純化して表現することをモデリングといいます。JavaScriptでは、オブジェクトを使ってモデルを作ることができます。

オブジェクトのプロパティを取得する

プロパティの値は、取得して変数に代入したり、コンソールに出力したりすることができます。Chromeのデベロッパーツールで［Console］タブを開き、次の生徒オブジェクトのコードを入力してみましょう。コードの途中の改行は、[Shift] + [Enter] キーを押して入力し、最後に [Enter] キーを押すことで実行できます。

生徒オブジェクト

```
var student = {
    name: '太郎',
    age: 15
};
```

次に、生徒オブジェクトのプロパティの値を取り出して、コンソールに出力します。次のコードをコンソールに入力して下さい。

プロパティの値を取り出す

```
console.log(student.name);
console.log(student.age);
```

これらを入力すると、次のような結果が表示されます。

プロパティの値を取得しコンソールで確認

このように、オブジェクトのプロパティは、「オブジェクト名.プロパティ名」で取得できます。また、プロパティは変数と同じく、任意の値を代入・更新することができます。

◉ プロパティの値を更新する

オブジェクトのプロパティは一定である必要はありません。プログラムを書いていると、クラスが変わった、年齢が上がったなどの理由で、オブジェクトのプロパティ

を更新したいシチュエーションも出てくるでしょう。

　プロパティの値を更新する方法も覚えておきましょう。生徒オブジェクトのageプロパティ（年齢）を更新するには、コンソールに次のコードを入力します。

生徒オブジェクトのプロパティを更新する

```
student.age = 16;
console.log(student.age);
```

すると、「16」と更新されたプロパティの値が表示されます。

◉ プロパティに関数を代入する

　また、プロパティには関数を設定することもできます。次のコードは、printプロパティに関数を代入し、printプロパティを呼び出すと、numberプロパティに保存した数値を出力するオブジェクトです。

counterオブジェクト

```
var counter = {
    number: 0,
    print: function() {
        counter.number++;
        console.log(counter.number);
    }
};
```

　counterオブジェクトのプロパティ「print」に定義した関数を呼び出すには、「counter.print()」のようにオブジェクト名とプロパティ名をドット（.）でつなぎ、プロパティ名の後ろに半角の( )を入力します。

　実際にChromeのデベロッパーツールのコンソールに、counterオブジェクトのコードを入力してみましょう。なお、コードの途中の改行は、 Shift + Enter キーを押して入力し、最後に Enter キーを押すことで実行できます。

　オブジェクトの入力後、counter.print();とコンソールに3回入力すると、次の結果が表示されます。

「counter.print();」を3回実行したときの結果

```
1
2    実行するごとに表示
     される結果が変わる
3
```

このコードではprintプロパティに、"numberプロパティに代入されている数値を1だけ増やして、その数値をコンソールに表示する"関数が定義されています。counter.print()で関数を呼び出すたびに、counter.numberに代入されている数値が1ずつ大きくなって、コンソールに表示されることになります。

時間あてゲームを作ってみよう

それでは、ここまで学んできた関数を活用して、ゲームをスタートしてから10秒ちょうどに時間を止めることを競う「時間あてゲーム」を作っていきましょう。

最初に時間あてゲームの要件を考えてみましょう。要件とは、要求を実現するためにプログラムがどんな機能を持つべきかを表す事柄です。ここでは、次の4つの要件を設定します。ではこの機能を作っていきましょう。

- 「**OKを押して10秒だと思ったら何かキーを押して下さい**」というダイアログを表示する
- ダイアログで［**OK**］ボタンをクリックすると、時間あてゲームがスタートする
- 何かキーを押すと、時間あてゲームがストップする
- **9.5秒から10.5秒の間なら**「すごい」、そうでないなら「残念」と表示する

js-grammarフォルダ内に以下のファイルを用意します。

- **js-object.html**
- **object.js**

VS Codeのjs-grammarと書いてあるラベルの上にマウスポインターを合わせると、［新しいファイル］ボタンが表示されるので、このボタンをクリックしてファイルを作りましょう。

まずはHTMLファイルを作ります。次のコードをjs-object.htmlに入力します。

```
js-object.html
<!DOCTYPE html>
<html lang="ja">
<head>
    <meta charset="UTF-8">
```

```
    <title>JavaScript のオブジェクト</title>
</head>
<body>
    <h1 id="display-area"></h1>
    <script src="object.js"></script>
</body>
</html>
```

今回のコードでは、bodyタグ内に、id属性に「display-area」と名前を付けたh1タグを書いています。

次に、object.jsを書いていきます――が、ここで少し考えてみましょう。時間あてゲームを作るといっても、どのように作るのがよいでしょうか。

◉ ダイアログを表示するプログラムを実装する

まずは「『OKを押して10秒だと思ったら何かキーを押して下さい』というダイアログを表示する」という要件を実装しましょう。

object.js
```
if (confirm('OK を押して 10 秒だと思ったら何かキーを押して下さい ')) {
    // TODO スタート処理
    console.log(' スタートしました ');
}
```

「// TODO」というコメントは、「これは後で実装する（今は未完成）」という慣習的な書き方です。

この状態で、Chromeで「js-object.html」を開いてみると、

このページの内容

OKを押して10秒だと思ったら何かキーを押して下さい

OK　　　　キャンセル

確認ダイアログ

このようなダイアログが表示され、[OK] ボタンをクリックするとコンソールに

スタートしました

と表示されます。

なお、「confirm()」は、P.21で学んだ「alert()」と同様に、引数で渡した文字列をダイアログで表示する関数です。ただし、confirm()ではalert()と違い、ボタンが [OK] と [キャンセル] の2つに増えます。さらに、confirm()では戻り値が意味を持ち、[OK] ボタンがクリックされると true、[キャンセル] ボタンがクリックされると false が戻り値となります。

「confirm()」は、英単語confirmの「確認する」という意味のとおり、ユーザーが何かを操作するときの確認に使います。

◉ ゲームをスタートするプログラムを実装する

次は、「ダイアログで [OK] ボタンをクリックすると、時間あてゲームがスタートする」という要件について考えてみましょう。

まず、時間あてゲームでは、スタートからストップまでの時間を計る必要があります。スタートした時刻（ミリ秒）と、ストップした時刻（ミリ秒）があれば、その間の時間が計算できます。したがって、スタート時の処理としては、その瞬間の時刻（開始時刻）を記録しておけばよいことになります。

開始時刻を記録するの部分は、このように実装することができます。

```js object.js
var startTime = null;
function start() {
    startTime = Date.now();
    console.log('スタートしました');
}
if (confirm('OK を押して 10 秒だと思ったら何かキーを押して下さい')) {
    start();
}
```

少しずつ解説していきます。まずは6行目のif文です。

object.js：6〜8行目

```
if (confirm('OK を押して 10 秒だと思ったら何かキーを押して下さい ')) {
    start();
}
```

TODOコメントとログ出力を消して、startという関数の呼び出しに変更しました。このstart関数の中で、実際のスタート処理を実装します。

object.js：1行目

```
var startTime = null;
```

最初の処理であるこの部分は、時間あてゲームの開始時刻を変数として用意しています。この時点では、中身は空（null）です。

次に、start関数の定義を見ていきます。

object.js：2〜5行目

```
function start() {
    startTime = Date.now();
    console.log(' スタートしました ');
}
```

スタートの処理では、開始時刻の取得を行います。

object.js：3行目

```
startTime = Date.now();
```

という書き方で、上で用意した変数startTimeへ、現在の時刻のミリ秒を代入しています。

この時点でいったん動かしてみましょう。Chromeで「js-object.html」を開いてダイアログの［OK］ボタンをクリックすると、コンソールに次の文字が表示されます。

スタートしました

● ゲームをストップするプログラムを実装する

続けて、「何かキーを押すと、時間あてゲームがストップする」という要件を実装してみましょう。この要件は、stop関数を追加で実装することで実現していきます。

```
object.js
var startTime = null;
function start() {
    startTime = Date.now();
    document.body.onkeydown = function() {
        console.log(' ストップしました ');
    };
    console.log(' スタートしました ');
}
if (confirm('OK を押して 10 秒だと思ったら何かキーを押して下さい ')) {
    start();
}
```

先ほどと変わった部分を見ていきましょう。

start関数には、次のコードが追加されています。これは、「何かキーが押されたらコンソールに『ストップしました』と表示する」ということが書かれています。onkeydownプロパティには、キーボードのキーが押されたときの関数を指定します。

```
object.js：4〜6行目
document.body.onkeydown = function() {
    console.log(' ストップしました ');
};
```

function() { … } のように書いて名前のない関数を表現し、そのままonkeydownプロパティに指定していますが、コードを見やすくするためにもstop関数として新たに宣言してみましょう。

object.jsは以下のようなコードになります。

なお、stop 関数の中身は、今はまだコンソールに「ストップしました」と出力するだけとなっています。

`object.js`

```javascript
var startTime = null;
function start() {
    startTime = Date.now();
    document.body.onkeydown = stop;
    console.log(' スタートしました ');
}
function stop() {
    console.log(' ストップしました ');
}
if (confirm('OK を押して 10 秒だと思ったら何かキーを押して下さい ')) {
    start();
}
```

```javascript
document.body.onkeydown = stop;
```

　これは「何かキーが押されたら stop 関数を実行する」というコードです。関数なのに stop() と書かず、stop と書くことに疑問を感じる人もいるのではないでしょうか。

　ここで stop() と書くと、キーが押されたときではなく、このファイルが読み込まれた時点で stop 関数が実行されます。そして、その結果が onkeydown プロパティに代入されてしまいます。

　「何かキーを押すと時間あてゲームが停止する」という要件を満たすには、onkeydown が発生するたびに実行されなければならないので、このような書き方になっています。

　実際に実行してみると、キーを押すたびに

ストップしました

と表示されることが確認できたのではないでしょうか。

　なお、一部のキーはこのプログラムでは認識されないので、スペースキーなどを押してみて下さい。動作させて問題なく動くのであれば、開発のために出していたコンソールへのログ出力のコードは消しましょう。

◉ 条件によって表示するメッセージを変える

「9.5秒から10.5秒の間なら『すごい』、そうでないなら『残念』と表示する」という
要件を実装していきましょう。実装するコードは、次のようになります。

`object.js`

```javascript
var startTime = null;
var displayArea = document.getElementById('display-area');
function start() {
    startTime = Date.now();
    document.body.onkeydown = stop;
}
function stop() {
    var currentTime = Date.now();
    var seconds = (currentTime - startTime) / 1000;
    if (9.5 <= seconds && seconds <= 10.5) {
        displayArea.innerText = seconds + ' 秒でした。すごい。';
    } else {
        displayArea.innerText = seconds + ' 秒でした。残念。';
    }
}
if (confirm('OK を押して 10 秒だと思ったら何かキーを押して下さい ')) {
    start();
}
```

追加・変更された部分を見ていきます。

`object.js：2行目`

```javascript
var displayArea = document.getElementById('display-area');
```

表示エリアを取得している部分です。HTMLで「display-area」と名前（id）を付けて
いた要素を取得し、displayAreaという変数に代入しました。

次にstop関数では、ストップされた瞬間の現在時刻を変数currentTimeとして取得
し、開始時刻の変数startTimeと引き算することで、かかった秒数を計算しています。

`object.js：8〜9行目`

```javascript
var currentTime = Date.now();
var seconds = (currentTime - startTime) / 1000;
```

> **current**（カレント）：現在の

「(currentTime - startTime) / 1000」がかかった秒数の計算です。現在の時刻のミリ秒から、開始時刻のミリ秒を引き、1000で割って秒数を求めています。

`object.js：10〜14行目`

```
if (9.5 <= seconds && seconds <= 10.5) {
    displayArea.innerText = seconds + '秒でした。すごい。';
} else {
    displayArea.innerText = seconds + '秒でした。残念。';
}
```

計算した秒数が9.5以上、かつ、10.5以下であれば、

○秒でした。すごい。

とHTMLにテキストとして表示し、そうでなければ

○秒でした。残念。

と表示する処理です。

　実際に動作確認してみましょう。Chromeでjs-object.htmlを開いてゲームをスタートすると、キーを押すごとに「○秒でした。すごい。」もしくは「○秒でした。残念。」というメッセージが表示されます。

◉ ゲームオブジェクトで表現してみよう

　4つ目の要件を実装する際、キーを押すまでにかかった秒数を計算するストップウォッチのような機能が出てきていました。最後に、この部分をオブジェクトとして表現することで、コードをわかりやすくしてみましょう。

`object.js：1〜2行目`

```
var startTime = null;
var displayArea = document.getElementById('display-area');
```

上のコードのように、すでにこの時間あてゲームには、

・開始時刻

・表示エリア

の2つの情報が保存されています。これらを「game」というオブジェクトにまとめてみましょう。オブジェクトの宣言を使って、次のように置き換えてみます。

```
var game = {
    startTime: null,
    displayArea: document.getElementById('display-area')
};
```

ほかの箇所もオブジェクトを使った形に置き換えると、次のようになります。

```object.js
var game = {
    startTime: null,
    displayArea: document.getElementById('display-area')
};
function start() {
    game.startTime = Date.now();
    document.body.onkeydown = stop;
}
function stop() {
    var currentTime = Date.now();
    var seconds = (currentTime - game.startTime) / 1000;
    if (9.5 <= seconds && seconds <= 10.5) {
        game.displayArea.innerText = seconds + ' 秒でした。すごい。';
    } else {
        game.displayArea.innerText = seconds + ' 秒でした。残念。';
    }
}
if (confirm('OK を押して 10 秒だと思ったら何かキーを押して下さい ')) {
    start();
}
```

これで、時間あてゲームが完成しました。Chromeでjs-object.htmlを開いてゲームをスタートしましょう。キーを押すと、押したタイミングによって、異なる結果が表示されます。

10.894秒でした。残念。

押したタイミングが9.5秒以上、10.5秒以下でない場合は、このような表示となる

9.616秒でした。すごい。

押したタイミングが9.5秒以上、10.5秒以下の場合は、このような表示となる

　編集を行ううち、うまく動作しなくなった場合は、コードのどこかが間違っている可能性が高いです。VS Code では、存在しない変数の記述があるときには、注意書きが表示されます。これを確認しながら編集していくことで間違いが防げるでしょう。

――――――――――― まとめ ―――――――――――

1. オブジェクトを使って、関係のある複数の変数をまとめることができる
2. **JavaScript**のオブジェクトは、プロパティを持つ
3. プロパティは、プロパティ名と値で構成される

　先ほどの時間あてゲームにおいて記述していたstart関数とstop関数も、gameオブジェクトのプロパティとして表現してみましょう。start関数はstartプロパティに、stop関数はstopプロパティに記述して下さい。

解答

`object.js`

```javascript
var game = {
    startTime: null,
    displayArea: document.getElementById('display-area'),
    start: function() {
        game.startTime = Date.now();
        document.body.onkeydown = game.stop;
    },
    stop: function() {
        var currentTime = Date.now();
        var seconds = (currentTime - game.startTime) / 1000;
        if (9.5 <= seconds && seconds <= 10.5) {
            game.displayArea.innerText = seconds + ' 秒でした。すごい。';
        } else {
            game.displayArea.innerText = seconds + ' 秒でした。残念。';
        }
    }
};
if (confirm('OK を押して 10 秒だと思ったら何かキーを押して下さい ')) {
    game.start();
}
```

◉ チャレンジしてみよう

　工夫したり、調べたりしながら、あなたが作りたいゲームを何か作ってみましょう。

はじめての CSS

CHAPTER3 では、HTML の見た目を変える CSS を学びます。ここでは、SECTION04 で作った自己紹介の HTML の見た目を、かっこよくします。

CSS とは

CSS は、Cascading Style Sheet の略称で、スタイルシートと呼ばれることもあります。HTML の見た目を変えるための言語です。

◉ CSS を書くための準備をしよう

さっそく試してみましょう――といいたいところですが、その前に準備が必要です。P.97 で作成した workspace フォルダに、[css-study] というプロジェクトフォルダをエクスプローラーで作成しましょう。プロジェクトフォルダを作成したら、VS Code のメニューで [ファイル] → [フォルダーを開く] をクリックし、css-study フォルダを選択します。

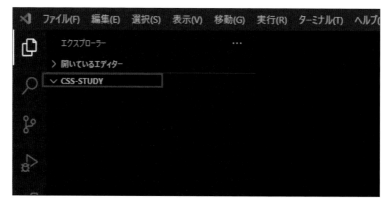

VS Code にプロジェクトフォルダを作成

◉ ファイルを用意しよう

次に、SECTION04 で作った自己紹介ページの HTML「self-introduction.html」を cssstudyフォルダにコピーしておきましょう。自己紹介ページで使っている画像のファイルがある場合は、一緒にcss-studyフォルダにコピーして下さい。

　上記ファイルがない場合は、次のコードをself-introduction.htmlに入力します。「○○の自己紹介」「××歳」などの「○○」や「××」の部分は、自分のプロフィールに書き換えましょう。

```html
self-introduction.html
<!DOCTYPE html>
<html lang="ja">
<head>
    <meta charset="UTF-8">
    <meta name="viewport" content="width=device-width, initial-scale=1.0">
    <title> ○○の自己紹介 </title>
</head>

<body>
    <img
        src="https://progedu.github.io/forum-ranking/assets/images/logo-n.svg"
        alt=" アイコン ">
    <h1> ○○ （あなたのハンドルネーム） </h1>
    <h3> わたしの情報 </h3>
    <ul>
        <li> 年齢： ×× 歳 </li>
        <li> 都道府県：△△県 </li>
    </ul>

    <h3> 趣味 </h3>
    <ul>
        <li> ○○○○○ </li>
        <li> ***** </li>
        <li> ~~~~~ </li>
    </ul>

    <h3>SNS へのリンク集 </h3>
    <ul>
        <li><a href="https://twitter.com/n_yobikou">Twitter</a></li>
    </ul>
```

```html
    <h3> 好きな動画 </h3>
    <iframe
        width="560"
        height="315"
        src="https://www.youtube.com/embed/QIurNEMqi6o"
        frameborder="0"
        allow="accelerometer; autoplay; encrypted-media;
gyroscope; picture-in-picture"
        allowfullscreen
    ></iframe>

    <h3> 卒業した中学校の場所 </h3>
    <iframe
        src="https://www.google.com/maps/embed?pb=!1m14!1m8!1m3!1d
13191.268258591406!2d132.5870936!3d34.2532113!3m2!1i1024!2i768!4f1
3.1!3m3!1m2!1s0x0%3A0xe0a0a7ed7d3a0744!2z5p2x55WR5Lit5a2m5qCh!5e0!
3m2!1sja!2sjp!4v1441872211027"
        width="600"
        height="450"
        frameborder="0"
        style="border:0"
        allowfullscreen
    ></iframe>
</body>
</html>
```

　ここまでの作業が完了すると、VS Code のファイル構成は次のように、css-study フォルダに self-introduction.html だけがある状態になります。

VS Code で css-study フォルダに self-introduction.html を作成した

CSSを書いてみよう

　CSSを使って、背景色を変えてみましょう。head要素の中に、次のようにstyle要素を記述します。「style」と入力して Tab キーを押すことで、要素が入力されます。 Tab キーを1回押してもstyle要素が入力されない場合は、2回押してみましょう。

```html
<head>
    <meta charset="UTF-8">
    <meta name="viewport" content="width=device-width, initial-scale=1.0">
    <title> ○○の自己紹介 </title>
    <style></style>          style要素を追加
</head>
```

　次に、style要素の中に、背景色の設定を次のように入力してみましょう。

```html
<style>
    body {
        background-color: lightblue;
    }
</style>
```

background （バックグラウンド）：背景

　すると、以下のようになるはずです。lightblueという色を示す部分の前に、その色がどういう色かという見本をVS Codeが自動で表示してくれていますね。

```
 7      <style>
 8          body{
 9              background-color: ■lightblue;
10          }
11      </style>
```

要素を編集した

　ここまで入力できたらファイルを上書き保存して、Chromeでself-introduction.htmlを開いてみましょう。次のように背景が薄い青色になります。このようにWeb

ページの見た目の部分を変えるのが、CSSの効果です。style要素を使うことで、HTMLファイルの中にCSSを記述することができます。

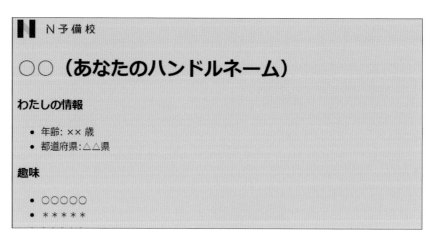

CSSで背景を薄い青色に変更した

CSSに何が書かれているかを見ていきましょう。

```
body {
    background-color: lightblue;
}
```

style要素の中の「body」は、CSSのセレクタと呼ばれる部分です。デザインを適用する要素を設定します。ここでは、ブラウザで表示する部分を表すbody要素をセレクタに設定しているため、「Webページ全体にデザインを設定するよ！」という意味になっているわけです。

セレクタの次の{ }の中身には、具体的なデザインの内容を設定します。

```
background-color: lightblue;
```

上記コードの「background-color」の部分をプロパティ、「lightblue」の部分を値と呼びます。プロパティとは、セレクタで指定した要素の"どこ（文字の大きさや枠線、背景色など）"を変更するかを設定する部分です。値は、プロパティで指定した箇所を"どのように（大きく、青色になど）"変更するかを設定します。プロパティと値の間にはコロン（:）を、値の後にはセミコロン（;）を必ず入力します。

今回の場合は、background-colorプロパティでbody要素の「背景色」を選択し、lightblueという値で「薄い青色」に設定しています。

この書き方は、JavaScriptのオブジェクト（P.147参照）に似ていますが、プロパティの値のあとに、カンマ（,）ではなくセミコロン（;）が必要な点が異なります。

CSSを別ファイルにしよう

CSSは、別ファイルに記述することができます。なぜ別ファイルにするかというと、

- **HTMLは、HTMLコンテンツの内容**
- **JavaScriptは、プログラムの処理**
- **CSSは、HTMLコンテンツの見た目**

のように、HTMLとJavaScript、CSSをそれぞれ別にしておけば、プログラムの処理だけ変更したい場合や、見た目だけを変更したい場合に、そのファイルだけを差し替えたり、変更したりするだけで対応できるためです。

同じフォルダ内に、「self-introduction.css」というファイルを作成して、次のように記入しましょう。

self-introduction.css
```css
body {
    background-color: lightblue;
}
```

続いて、HTMLを次のように修正します。まず、先ほど入力したstyle要素を削除しましょう。「link:css」と入力して Tab キーを押すと、link要素のテンプレートが挿入されます。href属性の値を、「self-introduction.css」に修正しましょう。link要素のhref属性には、読み込みたいCSSのファイル名を入力します。

self-introduction.html：link要素を追加する
```html
<!DOCTYPE html>
<html lang="ja">
<head>
    <meta charset="UTF-8">
    <meta name="viewport" content="width=device-width, initial-scale=1.0">
    <title> ○○ の自己紹介 </title>
    <link rel="stylesheet" href="self-introduction.css">
```
link要素

```
</head>
```

　ここまで修正したら上書き保存して、self-introduction.html を Chrome で再読み込みして確認して下さい。style 要素を削除したのに、背景が青いままです。このように、link 要素を利用することで、HTML とは別ファイルに記述しても、CSS を利用することができます。

CSS をもっと使ってみよう

　今度は、リストの先頭の記号を変更してみましょう。次のコードを参考に、self-introduction.css を変更して上書き保存します。

```
self-introduction.css
body {
    background-color: lightblue;
}
li {
    list-style-type: square;
    margin: 10px;
}
```

　新しく書き加えた部分について、1つずつ解説していきます。

◉ リスト要素の CSS

```
li
```

というセレクタは、リスト（li）要素に適用するというセレクタです。

```
list-style-type: square;
```

　list-style-type（リスト・スタイル・タイプ）というプロパティで「リストの種類」を設定しています。これにより、リストの先頭に描かれる記号を変更できます。
　設定できる内容は以下のようなものがあります。

　・**none**: 記号が描かれません。

- **disc**（ディスク）：黒い丸（●）が描かれます。
- **circle**（サークル）：線だけの丸（○）が描かれます。
- **square**（スクエア）：黒い四角（■）が描かれます。

今回はsquareに設定し、黒い四角にしてみました。

```
margin: 10px;
```

は、マージンといって、要素と要素の余白を指定するプロパティです。ここでは10px（ピクセル）に設定してみました。
　これらを記述して、Chromeで再読み込みをしてみましょう。以上で、リストのスタイルを変更できました。

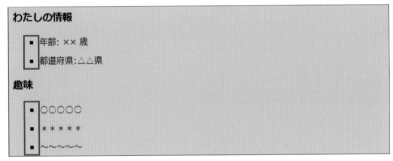

リストのスタイルが変わった

まとめ

1. **CSS**を使えば、**HTML**で作った**Web**ページの見た目を変更できる
2. **CSS**では、セレクタで要素を選択して、プロパティに値を設定することで**Web**ページの見た目を変える

3

CSSでWebページをデザインしてみよう

CSSのプロパティを調べる

　ブラウザでWebページを見ているだけでは、目的の要素にどのようなプロパティを設定しているのかわかりにくいものです。

　CSSにどのようなプロパティが割り当てられているか、Chromeを使って調べてみましょう。表示されているHTML上で右クリックして［検証］をクリックすることで、デベロッパーツールが開き、要素にどのようなCSSが適用されているのかを表示することができます。

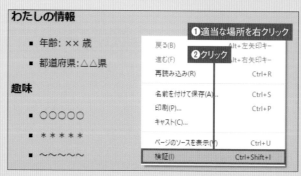

表示されているHTMLで右クリックし、［検証］をクリック

　また、デベロッパーツールの［要素を調べる］ボタンをクリックし、調べたい対象をクリックすることでも、要素に適用されているCSSを調べることが可能です。

［要素を調べる］ボタンをクリックする

調べたい対象を選択する

```
element.style {
}

li {                                        self-introduction.css:4
    list-style-type: square;
    margin: ▶ 10px;
}

li {                                        user agent stylesheet
```

CSSのプロパティが表示される

練習

　self-introduction.htmlのリストの文字の色を暗い青に変更してみましょう。文字の色は、「color」というプロパティで設定し、値には、暗い青を表す「darkblue」を使用します。

解答

```
self-introduction.css
li {
    list-style-type: square;
    margin: 10px;
    color: darkblue;
}
```

わたしの情報

- 年齢: ×× 歳

- 都道府県:△△県

文字色が暗い青になった

◉ チャレンジしてみよう

　あなたのお気に入りのデザインのCSSを作ってみましょう。

CSSを使ったプログラミング

CSSとJavaScriptを組み合わせて使って、文字が縦方向に回転しているようなアニメーションを作ってみましょう。

プログラミングの準備をしよう

workspaceフォルダの、css-studyフォルダの中に、以下の3つのファイルを作成します。

- **css-programming.html**
- **animation.js**
- **css-programming.css**

作成したら、css-programming.htmlに次のコードを入力します。

```html
css-programming.html
<!DOCTYPE html>
<html lang="ja">
<head>
    <meta charset="UTF-8">
    <title>CSS を使ったプログラミング </title>
    <link rel="stylesheet" href="css-programming.css">
</head>
<body>
    <h1 id="header">CSS を使ったプログラミング </h1>
    <script src="animation.js"></script>
</body>
</html>
```

今回入力するh1タグには、次のようにid属性を追加しています。「header」というid属性は、あとでJavaScriptプログラムから呼び出す際に利用します。

css-programming.html:h1タグにid属性を追加する

```
<h1 id="header">CSS を使ったプログラミング </h1>
```

ここでいったんChromeに表示させてみましょう。css-programming.htmlを開くと、次のように見出しが表示されているはずです。

← → C ① ファイル | C:/Users/lwms0/workspace/css-study/css-programming.html

CSS を使ったプログラミング

h1要素の見出しが表示された

CSSの適用

CSSを適用するにあたり、新しくクラス（class）という機能を使ってみましょう。HTMLに入力したh1要素を次のように変更してみて下さい。

css-programming.html:h1タグにclass属性を追加する

```
<h1 id="header" class="face">CSS を使ったプログラミング </h1>
```

h1要素に、新たにclass属性を追加しました。値には「face」と設定しています。

face（フェイス）: ここでは「オモテ面」という意味

class属性の値に設定した文字列（class名といいます）は、CSSのセレクタとして使用できます。複数のHTMLタグに同じclass名を設定すれば、CSSでそのclass名が設定されているHTML要素だけの見た目を変えることができるわけです。

では、CSSファイル側で、このfaceに対するスタイルを設定してみましょう。CSSファイルのセレクタで、class名を指定するためには、「.」（ドット）に続けてclass名を記述します。次のように「.face」と記述すれば、class名が「face」のHTML要素の見た目をまとめて変えることができます。

css-programming.css

```
.face {
    color: darkblue;
}
```

Chromeでcss-programming.htmlを再読み込みして、確認してみましょう。暗い青色の文字になったでしょうか。

CSS を使ったプログラミング

classに対してCSSが適用され、文字の色が変わった

続いて、css-programming.cssを以下のように書き換えます。

これはx軸方向（横を貫く軸）に60度回転させるという意味になります。

```
.face {
    color: darkblue;
    transform: rotateX(60deg);
}
```

transform（トランスフォーム）：変形させる
rotate（ローテート）：回転させる
degree（ディグリー）：（角度の）度
deg：degreeの略

Chromeでcss-programming.htmlを再読み込みして、確認してみましょう。文字が回転し、縦に潰（つぶ）れたような状態で表示されたのではないでしょうか。なお、この時点ではアニメーションはせず、単に60度回転した状態で固定されています。

CSS を使ったプログラミング

x軸方向に60度回転させた結果、文字が潰れて見えるようになった

回転していることが確認できたら、CSSから「transform: rotateX(60deg);」を削除しましょう。

```
.face {
    color: darkblue;
}
```

Chromeでcss-programming.htmlを再読み込みすると、潰れた文字が元に戻っているはずです。

CSS を使ったプログラミング

元に戻った

TIPS　**class属性とid属性**

　class属性は、複数のHTMLタグに同じclass名を付けることができます。今回、h1タグにfaceというclass名を設定しましたが、同じclass名を別のh1タグや、h2タグ、pタグに設定することも可能です。このように、種類によらず複数のタグに同じ名前を設定できるのがclass属性の特徴です。また、同じクラス名の要素全てにスタイルを設定できます。

　一方id属性は、1つの名前を1か所でしか使えません。一度h1タグに「header」というid名を付けたら、ほかのタグではid属性に「header」という値を設定できなくなります。仮に同じidを2つ以上の要素に設定した場合、予期しないトラブルが発生することがあります。

```
<h1 class="face">CSSを使ったプログラミング</h1>

<h3 class="face">ここも青色のfaceクラス</h3>

<h3 id="move_element">ここはid付きの要素</h3>
```

faceクラスではないのでfaceのCSSは適用されない

◉ 文字を回転させてみよう

　「CSSを使ったプログラミング」という文字を回転させてみましょう。回転の処理はJavaScriptで行います。まず、HTML側へ設定したidで、回転させたいh1要素を取得しましょう。animation.jsに次のコードを入力し、idの名前「header」からHTML要素を取得します。取得した要素は、変数headerに代入します。

`animation.js`
```
var header = document.getElementById('header');
```

　次に、この文字を回転させてみましょう。文字を回転させるためには、次のように記述します。

```
var header = document.getElementById('header');
header.style.transform = 'rotateX(60deg)';
```

このコードの

```
header.style.transform = 'rotateX(60deg)';
```

の部分は、見出しのスタイルをx軸（横を貫く軸）で60度回転させるように変形させるという指示です。これはCSSで、"id名headerをセレクタにし、transformプロパティにrotateX(60deg)という値を設定する"と記述するのと同じ意味を持ちます。

Chromeで確認してみると、縦に潰れた状態で表示されたのではないでしょうか。

```
CSS を使ったプログラミング
```

x軸方向に60度回転させた結果、文字が潰れたように見える

このように、header.styleオブジェクト内のプロパティへ値を代入することで、その要素のCSSを直接変更することができます。

> **TIPS　そのほかのtransform（変形）**
>
> ここではrotateX（x軸方向に回転）を使いましたが、rotateYやrotateZもあります。また、scaleのようにサイズを変えるものもあります。応用的な内容になりますが、そのほかの変形についてはMDN（Mozilla Developer Networkの略。いろいろなWeb技術について解説しています。https://developer.mozilla.org/）にも掲載されているので興味がある人は調べてみるとよいでしょう。
>
> なお、複数の変形を指定する場合は以下のように半角スペースを挟んで書きます。
>
> ```
> header.style.transform = 'rotateX(60deg) rotateZ(10deg)
> scale(2)';
> ```
>
> CSSに直接書く場合も同様です。
>
> ```
> transform: rotateX(60deg) rotateZ(10deg) scale(2);
> ```

◉ 文字が回転するアニメーションを作ろう

アニメーションは、短い時間ごとに表示を更新し続けることで表現できます。「パラパラ漫画」の原理です。ここでは、20ミリ秒に一度、表示の更新をさせてみましょう。次のコードでは、表示を更新するたびに、回転の角度を6度ずつ増やしています。

```
animation.js
var header = document.getElementById('header');
var degree = 0;
function rotateHeader() {
    degree = degree + 6;
    header.style.transform = 'rotateX(' + degree + 'deg)';
}
setInterval(rotateHeader, 20);
```

コードの2行目では、「degree」という角度を入れる変数を宣言しています。そしてrotateHeaderという関数を呼び出すごとに、その角度を6ずつ足し、それをCSSのスタイルとして設定しています。

'rotateX(' + degree + 'deg)'という部分がやや複雑ですね。じっくり見てみましょう。

一見するとわかりづらいですが、これは

- **rotateX(** という文字列
- 変数**degree**の数値
- **deg)** という文字列

という3つを連結する処理です（JavaScriptでは、数値は文字列と連結した場合、自動的に文字列に変換されます）。

これにより、たとえば変数degreeに6という値が入っているときにはrotateX(6deg)という文字列が作られ、header.style.transformに代入されます。

```
animation.js：2〜6行目
var degree = 0;
function rotateHeader() {
    degree = degree + 6;
    header.style.transform = 'rotateX(' + degree +  'deg)';
}
```

コードの7行目では、setInterval関数を使って、rotateHeader関数を、20ミリ秒ごとに繰り返し実行するようにしています。

animation.js：7行目

```
setInterval(rotateHeader, 20);
```

それでは、Chromeでcss-programming.htmlを再読み込みして、確認してみましょう。h1要素の見出しが、次のように回転していれば成功です。

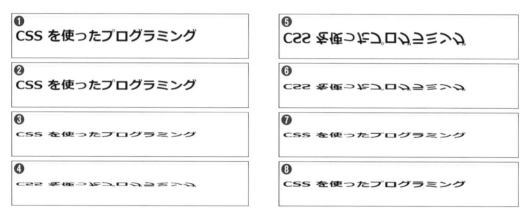

CSSで回転するアニメーション

◉ 色が変わるアニメーションを作ろう

アニメーションのプログラムを改良して、文字が回転して裏になったときに、色が変わるようにしてみましょう。css-programming.cssに、class名「back」に対する設定を追記しましょう。追記した「.back」セレクタの「color」プロパティの設定が、回転して裏になったときの色です。

css-programming.css

```
.face {
    color: darkblue;
}
.back {
    color: lightgray;
}
```

back（バック）：ここでは「ウラ面」という意味

このままでは id名「header」のclass名は「face」のままのため、CSSに追記した「.back」セレクタの「color」プロパティの設定は反映されません。そこで JavaScript で、文字が回転して裏を向いた瞬間に class名を変更するコードを書きます。

```javascript animation.js
var header = document.getElementById('header');
var degree = 0;
function rotateHeader() {
    degree = degree + 6;
    degree = degree % 360;
    if ((0 <= degree && degree < 90) || (270 <= degree && degree <
360)) {
        header.className = 'face';
    } else {
        header.className = 'back';
    }
    header.style.transform = 'rotateX(' + degree + 'deg)';
}
setInterval(rotateHeader, 20);
```

まず、文字が表面を向いているように見える角度について考えてみましょう。次の図を見るとわかるように、文字が表面を向いているのは、「0度から90度の間」または「270度から360度の間」となります。

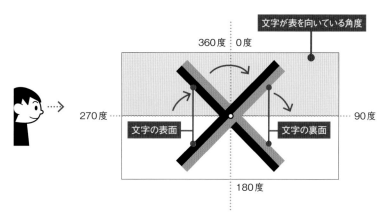

「0度から90度の間」または「270度から360度の間」で文字の表面が見える

つまり、文字の角度を表す変数degreeの値が、0以上かつ90より小さい、または、270以上かつ360より小さいときはclass名を「face」にし、それ以外の場合はclass名

を「back」にすれば、表向きと裏向きのときで、文字の色を変えられるはずです。

　ところで変数degreeは単純な数値のため、360を超えても366、372，378と延々と数値が加算され続けます。変数degreeがこの状態では、0以上かつ90より小さい、または、270以上かつ360より小さいときという条件での判定ができません。

　そのため、変数degreeを360で割った余りを計算して、その結果をdegreeに再代入することで、degreeの値を0〜359の間に収めます。文字は360度で一回転するため、変数degreeの値が366から6に変わっても、見た目は変わりません。

```
degree = degree % 360;
```

　次に、文字の角度を表す変数degreeの値が、0以上かつ90より小さい、または、270以上かつ360より小さいときはclass名を「face」に、それ以外の場合はclass名を「back」にする処理を行います。

```
    if ((0 <= degree && degree < 90) || (270 <= degree && degree <
360)) {
        header.className = 'face';
    } else {
        header.className = 'back';
    }
```

　ここまでできたら、Chromeでcss-programming.htmlを再読み込みして、動きを確認してみましょう。次のように回転して、文字の裏表が入れ替わると色が変わるアニメーションを作ることができました。

回転して裏になったときに色が変わるアニメーション

―――― ま と め ――――

1. **CSSは、JavaScriptのプログラミングでも利用することができる**
2. **HTML要素のclass属性は、CSSのセレクタとして利用できる**
3. **CSSとJavaScriptを組み合わせることで、アニメーションを作れる**

《〈 **練習** 〉》

　css-programming.htmlの回転する見出しを、裏表ともに赤色（red）に設定して、裏側を向いているときは透明度を0.4にしてみましょう。透明度を0.4に変更するには、CSSで次のように記述します。

```
opacity: 0.4;
```

`css-programming.css`

```
.face {
    color: red;
}
.back {
    color: red;
    opacity: 0.4;
}
```

CSS を使ったプログラミング

CSS を使ったプログラミング

CSS を使ったプログラミング

CSS を使ったプログラミング

CSS を使ったプログラミング

CSS を使ったプログラミング

反転したときに透明度が増すアニメーション

◉ チャレンジしてみよう

　工夫して、あなた自身でオリジナルのおもしろいアニメーションを作ってみましょう。

Webページの企画とデザイン

CHAPTER4では、これまでの総仕上げにあなたのいいところ診断を作ります。まずは、どのようなWebページを作るかを考えましょう。

「あなたのいいところ診断」の要件を考える

ここで制作する「あなたのいいところ診断」ページには、以下のような要件を実装します。

1.いいところを診断できる機能
　① 名前を入力すると診断結果が表示される
　② 同じ名前なら、必ず同じ診断結果が表示される
　③ 診断後に、自分の名前が入った診断結果が表示される
2.診断結果をツイートボタンでツイートできる機能

これらの要件を満たすための見た目は、どのようなものがよいでしょうか？
アイデアを紙などにラフスケッチをしてみてもよいのですが、Webサービスでこのようなアイデアを簡単に表現できるソフトウェア・サービスもあります。ここでは、無料で利用できる「Prott」(https://prottapp.com/ja/) という日本語のサービスで作ったものを紹介します。
初期画面では、以下の画像のように4つの項目が表示されているものとします。

・「あなたのいいところは?」という見出し
・「診断したい名前を入れて下さい」と入力を促す言葉
・名前の入力欄
・「診断する」という名前のボタン

初期画面のモックアップ

　この画像のような、実際のソフトウェアのような機能を作り込むことなく、見た目だけを作ったもののことを、モックアップと呼びます。また、モックアップを紙で作ったものをペーパーモックアップと呼びます。

結果表示後画面のモックアップ

　実際の使い勝手を想像して、要件を見直したり、人にアイデアを伝えたりするために、このモックアップはとても役に立ちます。

　コンピューター上でのモックアップ制作に慣れない場合は紙でもよいので、実際のページ作成前に作ってみるとよいでしょう。

実装の準備

　今回は、workspaceフォルダに［assessment］というプロジェクトフォルダを作成しましょう。workspaceフォルダの、assessmentフォルダの中に、

- **・assessment.html**
- **・assessment.js**
- **・assessment.css**

という3つのファイルを作成します。assessment.htmlの中身は次のとおりです。

```
<!DOCTYPE html>
<html lang="ja">
<head>
    <meta charset="UTF-8">
    <link rel="stylesheet" href="assessment.css">
    <title> あなたのいいところ診断 </title>
</head>
<body>
    <script src="assessment.js"></script>
</body>
</html>
```

今のところassessment.js、assessment.cssは空ファイルで構いません。

これでひな形が完成しました。念のため、問題がないかChromeでassessment.htmlを表示させてみましょう。白い画面が表示され、デベロッパーツールのコンソールに何もエラーが表示されていなければOKです。

モックアップを基にHTMLを実装してみよう

それでは、モックアップで作成した要素をHTMLに反映していきましょう。assessment.htmlのbodyタグに、次のように記述します。

```
<body>
    <h1> あなたのいいところは ?</h1>
    <p> 診断したい名前を入れて下さい </p>
    <input type="text" id="user-name" size="40" maxlength="20">
    <button id="assessment"> 診断する </button>
    <script src="assessment.js"></script>
</body>
```

P.50、P.53で説明したように、hタグは見出し、pタグは段落を意味するタグです。

```
<h1> あなたのいいところは ?</h1>
<p> 診断したい名前を入れて下さい </p>
```

inputタグは、入力欄を作るためのタグです。

```
<input type="text" id="user-name" size="40" maxlength="20">
```

　このinputタグには、JavaScriptプログラムから用いるid属性に加え、typeやsize、maxlengthという4つの属性を設定しました。type属性では、入力の形式（テキストやパスワード、チェックボックス、ラジオボタンなど）を指定します。size属性では、入力欄（テキストフィールド）の大きさを設定します。maxlength属性では、この入力欄に入力できる最大の文字数を設定します。

　size属性やmaxlength属性は、テキスト形式やパスワード形式には使用できますが、チェックボックスやラジオボタンに使うことはできません。

```
<button id="assessment"> 診断する </button>
```

　buttonタグは、ボタンを作るためのタグです。属性にはJavaScriptプログラムから用いるid属性のみを設定しています。

　ここまで入力できたらファイルを上書き保存したあと、Chromeでassessment.htmlを再読み込みして、見た目がどのように変化するか確認してみましょう。

あなたのいいところは？

診断したい名前を入れて下さい

[　　　　　　　　　　　　　　　] [診断する]

見た目の変化を確認する

　これで、見た目の部品ができました。このような、利用者が直接触れる部分のことを、ユーザーインタフェース（User Interface）、略してUIと呼びます。

　次に、CSSでWebページの見た目を改良していきましょう。

CSSで背景色と文字色を設定しよう

診断結果をTwitterにツイートする機能をつけるので、Twitterらしい背景色と文字色を設定しましょう。次のCSSで、背景色を明るい青に、文字色を白に設定します。

```css
assessment.css
body {
    background-color: #04a6eb;
    color: #fdffff;
}
```

この設定値の

```
#04a6eb
```

という表記は、16進数カラーコードという書き方です。

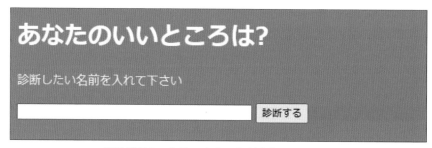

背景が青色になり、文字の色が白色になるCSS

16進数カラーコードは、色を表す光の三原色の赤（Red）・緑（Green）・青（Blue）をそれぞれ2桁の16進数で表しています。16進数とは、0〜9までは10進数と同様で、

- **Aを10**
- **Bを11**
- **Cを12**
- **Dを13**
- **Eを14**
- **Fを15**

として記述し、16で1つ上の桁にあがります。1つの色の最大値はFFで、赤・緑・青それぞれで16×16＝256段階の色の明るさを設定できるのです。数値が大きくなるほど色は明るくなり、数値が小さくなるほど、色は暗くなります。そして、3つの色の明るさをかけあわせることで、黒から白まで、さまざまな色を表現しているのです。

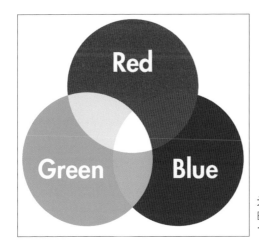

光はRed（赤）、Green（緑）、Blue（青）の3色の組み合わせで色を作っている

16進数カラーコードの記入例は以下のとおりです。

色	16進数カラーコード	表示される色
白	#FFFFFF	
黒	#000000	
赤	#FF0000	
緑	#00FF00	

色	16進数カラーコード	表示される色
青	#0000FF	
黄	#FFFF00	
紫	#FF00FF	
水色	#00FFFF	

TIPS **カラーコード選び**

Googleなどで「カラーコード 一覧」と検索すると、さまざまなカラーコードの一覧が見つかります。

そのほかにも「カラーピッカー」と検索すると、Webサイトや画像から16進数カラーコードを取得するソフトウェアが見つかります。Webサイトにどんな色を使うか悩んでいる際には、これらのツールを活用してみるとよいでしょう。

おしゃれな色の選び方

　プロのデザイナーが手がけるような、おしゃれな色づかいのサイトを作りたい場合は「配色理論」や「色彩調和論」と呼ばれるものに基づいた色選びをする必要があります。

　「カラースキーム」で検索すると、Coolors（coolors.co）のような、配色理論などに基づいた色の組み合わせを提案してくれるサイトが見つかるので、それを活用してみるのもよいでしょう。

CSSで横幅と余白を設定しよう

　次に、Webページの横幅を設定して、左右にマージンと呼ばれる、要素の外側の空白をあけてレイアウトしてみましょう。

```
assessment.css

body {
    background-color: #04a6eb;
    color: #fdffff;
    width: 500px;
    margin-right: auto;
    margin-left : auto;
}
```

　このように記述することができます。それぞれ、以下の意味があります。

・「width: 500px;」で、幅を **500px** に設定
・「margin-right: auto;」で、右側のマージンを自動調節
・「margin-left: auto;」で、左側のマージンを自動調節

　これでWebページの横幅が500pxになり、ウィンドウ内の左右中央にWebページが表示されるようになります。

　pxとはピクセルのことで、画像の最小単位です。画素ともいいます。

あなたのいいところは?

診断したい名前を入れて下さい

［　　　　　　　　　　　　　　　　　］ 診断する

Webページがウィンドウの左右中央に表示された

ボタンのCSSを設定しよう

ボタンのCSSも設定してみましょう。以下のCSSをassessment.cssに追記します。

```
assessment.css
button {
    padding: 5px 20px;
    background-color: #337ab7;
    border-color: #2e6da4;
    border-style: none;
}
```

padding（パディング）のプロパティでは、要素の内側の空白を設定できます。

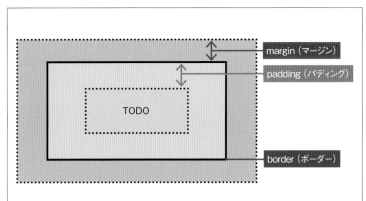

margin（マージン）
padding（パディング）
TODO
border（ボーダー）

hタグやpタグなどの要素は、文字のような内容部分以外にも、padding、border、marginという要素を持つ

ここでは、paddingの上下の幅を5px、左右の幅を20pxに設定しています。さらに、

背景色（background-color）・境界線の色（border-color）・境界線のスタイル（border-style）もここで設定しています。なお、境界線のスタイルに設定している値「none」は、境界線を表示しないという意味です。

ボタンのCSSを設定した

入力欄のCSSを設定しよう

入力欄の高さを、ボタンの高さと合うように設定してみましょう。assessment.cssに次のCSSを追加しましょう。

```
input {
    height: 20px;
}
```
assessment.css：入力欄の高さを設定

完成すると、このようなCSSになります。

```
body {
    background-color: #04a6eb;
    color: #fdffff;
    width: 500px;
    margin-right: auto;
    margin-left : auto;
}
button {
    padding: 5px 20px;
    background-color: #337ab7;
    border-color: #2e6da4;
```
assessment.css

```
        border-style: none;
    }
input {
        height: 20px;
    }
```

　Chromeでassessment.htmlを再読み込みして、Webページを確認してみましょう。かなり見た目がよくなりました。なお、環境やフォントによってはボタンと入力欄の高さが一致しません。その場合はボタンの高さを微調整してみて下さい。

入力欄のCSSを設定した

まとめ

1. **Web**ページを作るときは、要件を項目化してみる
2. モックアップは、要件をまとめて人に伝えるために役に立つ
3. 色は、**16**進数カラーコードで設定することができる

練習

　もっと見た目をよくするために、ボタンの文字色を、bodyの文字色と同じ色にしましょう。

解答

`assessment.css`

```css
body {
    background-color: #04a6eb;
    color: #fdffff;
    width: 500px;
    margin-right: auto;
    margin-left : auto;
}
button {
    padding: 5px 20px;
    background-color: #337ab7;
    color: #fdffff;          ] ────── 文字色を設定した
    border-color: #2e6da4;
    border-style: none;
}
input {
    height: 20px;
}
```

ボタンの文字色を白に設定した

◉ チャレンジしてみよう

あなたが作ってみたい、動くWebページの企画や要件を考えてみましょう。

診断機能の開発

ここでは、いったん**UI**の制作から離れて、「あなたのいいところ」の診断機能を作りましょう。

診断機能の要件

そもそも診断機能とはなんでしょうか？　診断機能の要件は「いいところを診断できる」の項目です。

これを実現するためには、機能として、

1. 診断結果のパターンのデータが取得できる
2. 名前を入力すると診断結果が出力される関数
　　① 入力が同じ名前なら、同じ診断結果を出力する処理
　　② 診断結果の文章のうち名前の部分を、入力された名前に置き換える処理

これらが必要になることがわかります。今回は、この要件を JavaScript で実装していきましょう。

診断結果のパターンを作ろう

まずは、診断結果のパターンを作ります。利用者の名前に置き換える処理は後で行います。名前の部分は、ここでは仮に「{userName}」としておきましょう。

用意したパターンは、以下の16パターンです。結果を読んだ人が気分を害さない内容にしています。

1. {userName}のいいところは声です。{userName}の特徴的な声は皆を惹きつけ、心に残ります。

2. {userName}のいいところはまなざしです。{userName}に見つめられた人は、気になって仕方がないでしょう。

3. {userName}のいいところは情熱です。{userName}の情熱に周りの人は感化されます。

4. {userName}のいいところは厳しさです。{userName}の厳しさがものごとをいつも成功に導きます。

5. {userName}のいいところは知識です。博識な{userName}を多くの人が頼りにしています。

6. {userName}のいいところはユニークさです。{userName}だけのその特徴が皆を楽しくさせます。

7. {userName}のいいところは用心深さです。{userName}の洞察に、多くの人が助けられます。

8. {userName}のいいところは見た目です。内側から溢れ出る{userName}の良さに皆が気を惹かれます。

9. {userName}のいいところは決断力です。{userName}がする決断にいつも助けられる人がいます。

10. {userName}のいいところは思いやりです。{userName}に気にかけてもらった多くの人が感謝しています。

11. {userName}のいいところは感受性です。{userName}が感じたことに皆が共感し、わかりあうことができます。

12. {userName}のいいところは節度です。強引すぎない{userName}の考えに皆が感謝しています。

13. {userName}のいいところは好奇心です。新しいことに向かっていく{userName}の心構えが多くの人に魅力的に映ります。

14. {userName}のいいところは気配りです。{userName}の配慮が多くの人を救っています。

15. {userName}のいいところはその全てです。ありのままの{userName}自身がいいところなのです。

16. {userName}のいいところは自制心です。やばいと思ったときにしっかりと衝動を抑えられる{userName}が皆から評価されています。

このようになりました。さらに、これを JavaScript の文字列の配列として実装してみましょう。次のコードを入力します。

```assessment.js
'use strict';
const answers = [
    '{userName} のいいところは声です。{userName} の特徴的な声は皆を惹きつけ、心
に残ります。',
    '{userName} のいいところはまなざしです。{userName} に見つめられた人は、気に
なって仕方がないでしょう。',
    '{userName} のいいところは情熱です。{userName} の情熱に周りの人は感化されま
す。',
    '{userName} のいいところは厳しさです。{userName} の厳しさがものごとをいつも
成功に導きます。',
    '{userName} のいいところは知識です。博識な {userName} を多くの人が頼りにし
ています。',
    '{userName} のいいところはユニークさです。{userName} だけのその特徴が皆を楽
しくさせます。',
    '{userName} のいいところは用心深さです。{userName} の洞察に、多くの人が助け
られます。',
    '{userName} のいいところは見た目です。内側から溢れ出る {userName} の良さに
皆が気を惹かれます。',
    '{userName} のいいところは決断力です。{userName} がする決断にいつも助けられ
る人がいます。',
    '{userName} のいいところは思いやりです。{userName} に気にかけてもらった多く
の人が感謝しています。',
    '{userName} のいいところは感受性です。{userName} が感じたことに皆が共感し、
わかりあうことができます。',
    '{userName} のいいところは節度です。強引すぎない {userName} の考えに皆が感
謝しています。',
    '{userName} のいいところは好奇心です。新しいことに向かっていく {userName}
の心構えが多くの人に魅力的に映ります。',
    '{userName} のいいところは気配りです。{userName} の配慮が多くの人を救ってい
ます。',
    '{userName} のいいところはその全てです。ありのままの {userName} 自身がいい
ところなのです。',
    '{userName} のいいところは自制心です。やばいと思ったときにしっかりと衝動を抑
えられる {userName} が皆から評価されています。'
];
```

今回は、var ではなく ES6 の「const」という、一度代入すると再代入できない（変数の値を後から変更できない）宣言を利用しています。これを「定数」といいます（P.201 参照）。

先ほど用意したパターンを基にして、全ての行を「'」で囲み、「,」で配列の要素を区切ればいいのですが、全て手動で行っていると面倒です。そこで、VS Codeに備わっている便利な機能を使いましょう。診断結果の文字列を入力後、カーソルを元の文章の左上に合わせて、

- **Windows**ならば `Ctrl` + `Alt` + `↓`キー
- **Mac**ならば、`Command` + `Option` + `↓`キー

を押すと、カーソルを増やすことができます。上記の方法でうまくいかない場合は、`Alt` + `Shift` +ドラッグでもカーソルを増やすことができます。グラフィックの設定などで `Ctrl`+`Alt`+`↓`というショートカットキーが、画面の回転に利用されている場合がありますので、その場合はこちらを使って下さい。この機能のことをマルチカーソルと呼び、カーソルのある位置にまとめて文字を入力できるようになります。
　診断結果の最後の行までカーソルを追加したら、「'」を入力します。すると、16の文章の行頭に、まとめて「'」が入力されます。次に、

- **Windows**ならば `End` キー
- **Mac**ならば `Command` + `→` キー

を入力して最後尾に移動し、「'」「,」と入力します。これで16の文章の行末に、まとめて「'」と「,」が入力されます。
　このようにマルチカーソルを使うことで、16行分のテキストをまとめてJavaScriptの文字列形式に編集できます。

配列にしたい文字列の先頭にカーソルを移動し、`Ctrl` + `Alt` キー（Macの場合は `Command` + `Option` キー）を押しながら `↓` キーを押してカーソルを増やす

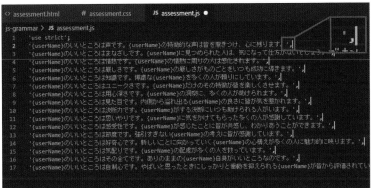

この状態で Shift + 7 キーを
押すと、カーソル位置にまと
めて「'」(シングルクォート)
が入力される

End キー(Macの場合は
Command + → キー)を押して、
カーソルを行末に移動する。
Shift + 7 キー→ , キーの順
に押して、カーソル位置にま
とめて「'」(シングルクォート)
と「,」を入力する

　以上の操作でJavaScriptの文字列形式になったら、Esc キーを押してマルチカーソ
ルを解除します。そのあと、診断結果の上に「const answers = [」を入力し、最後の行
の「,」だけを取り除いて、診断結果の下に「];」を入力します。

「'use strict';」の行末にカー
ソルを移動し、Enter キーを
押して改行する

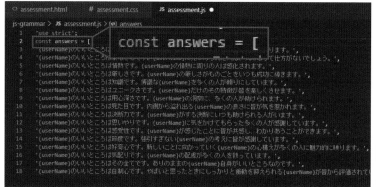

「const answers = [」を入力する。［［］キーを押すと自動で入力される「]」は削除しておく

配列の最終行の行末にカーソルを移動し、「,」（カンマ）を削除する。［Enter］キーを押して改行したら、次の行に「];」を入力する

　ここまで入力ができたら、ソースコードを整形して、インデントをきれいに整えましょう。

ソースコード全体を選択し、右クリックして［選択範囲のフォーマット］をクリックする

ソースコードが整形された

　今回から「'use strict';」という見慣れないコードが出てきました。「'use strict';」は、宣言後の記述ミスをエラーとして表示してくれる機能を呼び出すための記述です。日本語では「厳格モードを使う」という意味です。

TIPS　const と let

　ここまでは、変数の宣言に「var」を利用しましたが、ES6 では

　・一度しか代入できない変数である const（コンスト）という宣言
　・{}で囲まれた中でのみ使える変数である let（レット）という宣言

　が利用できます。
　const は、定数という意味の英語 constant（コンスタント）の略です。まずは、const の動きを見てみましょう。

```
const a = 1;
a = 2;
```

　このコードを実行してみましょう。すると

```
Uncaught TypeError: Assignment to constant variable.
```

　このように「定数には割当ができません」という内容のエラーが発生します。この const は、二度と変更したくない値を設定するのに便利です。続いて、let の動きを見てみましょう。今回はログを使って確認します。

```
{
    let b = 2;
    console.log(b);
    b = 3;
    console.log(b);
}
console.log(b);
```

一見すると「2 3 3」と3回値が表示されるように思えます。
しかし、実際に実行してみると以下のようになるはずです。

```
2
3
Uncaught ReferenceError: b is not defined
```

　これは、letで宣言された変数は「{」と「}」で囲まれた範囲（ブロックスコープ）の中でしか有効でないため、その範囲外で参照された場合に「not defined」（定義されていない）というエラーが出てしまうのです。実はconstも同様に、「{」～「}」で囲まれた部分でしか機能しません。
　こういった変数の有効な範囲をスコープ（scope）といいます。これは本格的なプログラムを書いていくとき、予想していない部分の変数が意図せず変更されないよう制限するのに役立ちます。現時点では活用方法がわからなくても構いませんので、ご安心下さい。

```
var x = 1;────── var で宣言された x はどこからでも参照できる
let y = 1;──┐    let、const で宣言されているので本当はスコープがあるが、
const z = 1;─┘    {} の外なので結果的にどこからでも参照できる
{
  let a = 1;
  console.log(a);
} └─a が有効な範囲（スコープ）
{
  const b = 2;
  console.log(b);
  console.log(a + b);────── a の範囲外なので参照できず、エラーとなる
} └─b が有効な範囲（スコープ）

console.log(x + y + z);────── 参照できるため、問題なく実行できる
console.log(a + b);────── a、b は範囲外から参照できず、エラーとなる
```

変数とスコープ

関数の実装

次に、JavaScriptの関数を実装しましょう。要件は以下のとおりでした。

・**利用者が入力した名前を元に、診断結果を1つだけ選択・出力する**
・**入力が同じ名前なら同じ診断結果を出力する**
・**診断結果の文章内にある仮の名前を、入力された名前に置き換える**

　まずは処理の中身は置いておいて、関数の形から用意します。assessment.jsに次の
コードを追記しましょう。

```
assessment.js
/**
 * 名前の文字列を渡すと診断結果を返す関数
 * @param {string} userName ユーザーの名前
 * @return {string} 診断結果
 */
function assessment(userName) {
    // TODO 診断処理を実装する
    return '';
}
```

　突然出てきましたが、「/*」ではじまり「*/」で終わる文字列の中身は、コメントで
す。以前説明した「//」を使ったコメントと同じく、コメント部分はソースコードとし
ては実行されず、無視されます。
　今回、関数の上に書かれているコメントは、JSDocと呼ばれる形式です。このコメ
ントは直下のassessment(userName)という関数を説明しています。詳しく見てみま
しょう。

```
/**
 * 名前の文字列を渡すと診断結果を返す関数
 * @param {string} userName ユーザーの名前
 * @return {string} 診断結果
 */
```

・**最初の行は、「関数の処理内容」を説明しています。**

・**2行目の@param**は関数の「引数」のことです。引数のことを英語で**parameter**（パラメータ）というからです。

・**2行目のuserName**は「引数の名前」です。

・**3行目の@return**は関数の「戻り値」のことです。戻り値のことを**return value**というからです。

・**2行目と3行目の{string}**は値の型が「文字列（**string**）型」であることを意味しています。

　ここで型とは、値の種類のことです。JavaScriptの型には数値、文字列、真偽値などがあります。

　つまり、このJSDocという形式のコメントは「関数assessment(userName)の引数が文字列で、戻り値も文字列」ということを表しています。

TIPS　JSDocとインタフェース

　ここで扱ったように、関数の内部の処理と、外部からの入力や外部への出力（ここでは引数と戻り値）を定義している「内外の境界」のことをインタフェースと呼びます。

　JavaScriptは「変数の型の情報をソースコードに書かない言語」であり、インタフェースを明らかにするためには、このようにコメントで明示する必要があります。一方、JavaScriptの仲間のTypeScriptという言語のように、ソースコードの中に型の情報を書ける言語もあります。

　JSDocの記述方法はDevDocsというサイトで使い方が解説されていますが、Googleなどで「JSDoc 書き方」などと検索すると日本語の解説サイトも沢山あるので、参考にしてみて下さい。

　JSDocはあくまでコメントですので、書かなくてもプログラムは動作します。しかしJSDoc形式でインタフェースが定義されていると、プログラムがとても読みやすいものになります。

　それだけではなく、JSDocは「ソースコードからドキュメントを自動生成する機能」や「エディタでカーソルを合わせるとインタフェースが表示される機能」などを持っていて大変便利です。

　これでインタフェースが定義できたので、中身を実装していきましょう。

入力が同じ名前なら同じ診断結果を出力する処理

「入力が同じ名前なら同じ診断結果を出力する」処理を考えてみましょう。ここでは、名前の文字列の1文字が、実はただの整数である、という事実を利用します。これはデジタル技術全般に通じるのですが、プログラム上で現れるデータは、元は2進数の整数値でもあります。

Chromeのデベロッパーツールの［Console］タブに

```
'ABC'.charCodeAt(0);
```

と入力すると、

```
65
```

と表示されます。これは、文字列を配列とみなして添字が0番目の値（つまり最初の文字のA）を整数値とすると、そのコードは65であることを表しています。

この仕組みを使って、以下の3つのステップで診断結果を取得する処理を作りましょう。

1. 名前の全文字のコードの整数値を足し合わせる

2. 足した結果を、診断結果のパターンの数で割った余りを取得する

3. 余りを診断結果の配列の添字として、診断結果の文字列を取得する

このような、ソフトウェアの動きを決める処理のことをロジックと呼びます。先ほどのロジックによって実装すると、次のようになります。

`assessment.js：ロジックを追加`

```javascript
function assessment(userName) {
    // 全文字のコード番号を取得してそれを足し合わせる
    let sumOfCharCode = 0;
    for (let i = 0; i < userName.length; i++) {
        sumOfCharCode = sumOfCharCode + userName.charCodeAt(i);
    }
```

```
    // 文字のコード番号の合計を回答の数で割って添字の数値を求める
    const index = sumOfCharCode % answers.length;
    const result = answers[index];

    // TODO {userName} をユーザーの名前に置き換える
    return result;
}
```

このコードの

```
// 全文字のコード番号を取得してそれを足し合わせる
let sumOfCharCode = 0;
for (let i = 0; i < userName.length; i++) {
    sumOfCharCode = sumOfCharCode + userName.charCodeAt(i);
}
```

という部分は、for文を使って、名前の全ての文字のコードを足し合わせています。ここでは、これまで使ってきた「var」という変数宣言の代わりに、「let」というES6の変数宣言を利用しています。letで宣言した変数はforやifなどの { } で囲まれた中での利用に限ることができるため、varよりも安全に使うことができます。

```
// 文字のコード番号の合計を回答の数で割って添字の数値を求める
const index = sumOfCharCode % answers.length;
const result = answers[index];
```

ここでは、名前から計算した文字コードの合計値を、診断結果のパターンの数で割った余りを求め、それを利用して配列から診断結果を取得しています。全て書くと、次のコードとなります。

assessment.js
```
'use strict';
const answers = [
    '{userName} のいいところは声です。{userName} の特徴的な声は皆を惹きつけ、心
に残ります。',
    '{userName} のいいところはまなざしです。{userName} に見つめられた人は、気に
なって仕方がないでしょう。',
```

```
    '{userName} のいいところは情熱です。{userName} の情熱に周りの人は感化されま
す。',
    '{userName} のいいところは厳しさです。{userName} の厳しさがものごとをいつも
成功に導きます。',
    '{userName} のいいところは知識です。博識な {userName} を多くの人が頼りにし
ています。',
    '{userName} のいいところはユニークさです。{userName} だけのその特徴が皆を楽
しくさせます。',
    '{userName} のいいところは用心深さです。{userName} の洞察に、多くの人が助け
られます。',
    '{userName} のいいところは見た目です。内側から溢れ出る {userName} の良さに
皆が気を惹かれます。',
    '{userName} のいいところは決断力です。{userName} がする決断にいつも助けられ
る人がいます。',
    '{userName} のいいところは思いやりです。{userName} に気にかけてもらった多く
の人が感謝しています。',
    '{userName} のいいところは感受性です。{userName} が感じたことに皆が共感し、
わかりあうことができます。',
    '{userName} のいいところは節度です。強引すぎない {userName} の考えに皆が感
謝しています。',
    '{userName} のいいところは好奇心です。新しいことに向かっていく {userName}
の心構えが多くの人に魅力的に映ります。',
    '{userName} のいいところは気配りです。{userName} の配慮が多くの人を救ってい
ます。',
    '{userName} のいいところはその全てです。ありのままの {userName} 自身がいい
ところなのです。',
    '{userName} のいいところは自制心です。やばいと思ったときにしっかりと衝動を抑
えられる {userName} が皆から評価されています。'
];

/**
 * 名前の文字列を渡すと診断結果を返す関数
 * @param {string} userName ユーザーの名前
 * @return {string} 診断結果
 */
function assessment(userName) {
    // 全文字のコード番号を取得してそれを足し合わせる
    let sumOfCharCode = 0;
    for (let i = 0; i < userName.length; i++) {
        sumOfCharCode = sumOfCharCode + userName.charCodeAt(i);
    }

    // 文字のコード番号の合計を回答の数で割って添字の数値を求める
```

```
    const index = sumOfCharCode % answers.length;
    const result = answers[index];

    // TODO {userName} をユーザーの名前に置き換える
    return result;
}
```

さらに、次のようにconsole.logでassessment関数を呼び出した結果を表示するようにして、Chromeでassessment.htmlを読み込んでみましょう。

```
function assessment(userName) {
    // 全文字のコード番号を取得してそれを足し合わせる
    let sumOfCharCode = 0;
    for (let i = 0; i < userName.length; i++) {
        sumOfCharCode = sumOfCharCode + userName.charCodeAt(i);
    }

    // 文字のコード番号の合計を回答の数で割って添字の数値を求める
    const index = sumOfCharCode % answers.length;
    const result = answers[index];

    // TODO {userName} をユーザーの名前に置き換える
    return result;
}


console.log(assessment('太郎'));  ┐
console.log(assessment('次郎'));  ├─ 確認用コードを追加
console.log(assessment('太郎'));  ┘
```

console.logを追加したら、さっそくChromeでassessment.htmlを再読み込みして、デベロッパーツールのコンソールを確認してみましょう。

{userName}のいいところは決断力です。{userName}がする決断にいつも助けられる人がいます。
{userName}のいいところは自制心です。やばいと思ったときにしっかりと衝動を抑えられる{userName}が皆から評価されています。
{userName}のいいところは決断力です。{userName}がする決断にいつも助けられる人がいます。

　このように表示されれば成功です。1回目と3回目で呼び出される太郎さんの診断結果が同じであることがわかります。

{userName}をユーザーの名前に置き換えよう

　最後に、「{userName}」をユーザーの名前に置き換えます。ここでは正規表現という機能を使います。まずはassessment関数内で宣言している定数resultを変数に変更します。定数を宣言するためのキーワード「const」を「let」に書き換えましょう。次に、コメント「TODO {userName} をユーザーの名前に置き換える」を削除し、変数resultに埋め込まれている「{userName}」をユーザー名に置き換えるコードを入力します。入力するコードは次のようになります。

```
let result = answers[index];　　「const」を「let」に変更

result = result.replace(/\{userName\}/g, userName);
```

　この、「/\{userName\}/g」と書かれている部分が正規表現です。正規表現とは、さまざまな文字列のパターンを表現するための記述方法のことです。
　「/.../g」が正規表現の本体で、これは「/.../」で囲まれた文字列と一致する部分を全て選択することを意味しています。なお、中身の「\{」の部分は「{」を正規表現の中に書くための特別な記号（エスケープシーケンス）です。「\}」の部分も同様です。

```
result = result.replace(/\{userName\}/g, userName);
```

　つまりこの記述は、result内の{userName}という文字列のパターンを全て選択し、それら全てを変数userNameの表す部分文字列に置き換えています。そうして新たにできた文字列を変数resultに再代入しているのです。
　なお、resultを宣言するときの修飾子をconstからletに変えました。これは、先ほどまではresultは一度代入されたら再代入されない定数だったのに対して、今回はresult.replace()という関数の戻り値を再代入しているからです。

正規表現について調べる

　JavaScriptの正規表現の詳しい説明は、MDNの日本語の解説サイト（https://developer.mozilla.org/ja/docs/Web/JavaScript/Guide/Regular_Expressions）を参照して下さい。また、GoogleやYahoo!で「正規表現　JavaScriptサンプル」と検索することで、正規表現のさまざまな活用例を見られます。

　ここまでできたら、Chromeでassessment.htmlを再読み込みして、コンソールを確認してみましょう。

太郎のいいところは決断力です。太郎がする決断にいつも助けられる人がいます。
次郎のいいところは自制心です。やばいと思ったときにしっかりと衝動を抑えられる次郎が皆から評価されています。
太郎のいいところは決断力です。太郎がする決断にいつも助けられる人がいます。

　このように、「{userName}」の部分が、「太郎」「次郎」に置き換えられました。これで診断機能の開発は完了です。

テストを書いてみよう

　これまで、機能の確認には「console.log」を使い、そのログ出力を目視で確認してきました。この方法だと、人間が確認している以上、もしかしたら間違いを見落としてしまうかもしれません。
　たとえば、本来は

太郎のいいところは決断力です。太郎がする決断にいつも助けられる人がいます。

と出力されなくてはいけないところが、

太郎のいいところは決断力です。次郎がする決断にいつも助けられる人がいます。

と誤って出力されてしまっていた場合に、間違いに確実に気づけるかどうか不安なところです。
　こんなときのために、処理の結果が意図したとおりになっているかをテストする機

能が、JavaScriptには備わっています。それが「console.assert」という関数です。次のように書きます。console.logの3行を消して、そこに書いてみましょう。

```
console.assert(
    assessment(' 太郎 ') ===
        ' 太郎のいいところは決断力です。太郎がする決断にいつも助けられる人がいます。',
        ' 診断結果の文言の特定の部分を名前に置き換える処理が正しくありません。'
);
```

「console.assert」は、第1引数（1つ目の引数）に正しいときにtrueとなるテストしたい式を記入し、第2引数（2つ目の引数）にテストの結果が正しくなかったときに出力したいメッセージを書きます。

　試しに、先ほどのテストコードを一部変更し、次のように失敗するテストを書いて、Chromeで実行してみましょう。第1引数の2番目の「太郎」を「次郎」に置き換えています。

```
// テストコード
console.assert(
    assessment(' 太郎 ') === ' 太郎のいいところは決断力です。次郎がする決断にいつも助けられる人がいます。',
        ' 診断結果の文言の特定の部分を名前に置き換える処理が正しくありません。'
);
```

　すると、デベロッパーツールの［Console］タブに

```
Assertion failed: 診断結果の文言の特定の部分を名前に置き換える処理が正しくありません。
```

のように表示されると思います。console.assert関数の第1引数の「次郎」を「太郎」に戻し、Chromeでassessment.htmlを再読み込みすると、上のメッセージは表示されず、意図したとおり動いていることがわかります。これで、assessment関数が正しく動いていることが検証できました。

1. 関数のインタフェースを **JSDoc** 形式のコメントでわかりやすく定義できる
2. 正規表現は、文字列のパターンを表現するための記述方法である
3. **console.assert** を利用して、関数が正しく動いているかテストすることができる

練習

すでに、console.assertを使ってassessment関数の診断機能をテストしましたが

・「入力が同じ名前なら同じ診断結果を出力する」処理が正しいかどうか

この項目に関してはテストがされていません。上記の処理を検証するテストを入力して、Chromeで実行してみましょう。

解答

```
console.assert(
    assessment('太郎') === assessment('太郎'),
    '入力が同じ名前なら同じ診断結果を出力する処理が正しくありません。'
);
```

◉ チャレンジしてみよう

こういう診断があると面白いと思うプログラムを自分で作ってみましょう。

診断機能の組み込み

ここでは、診断機能をWebページから利用できるようにしましょう。
JavaScriptで作った診断結果をHTMLで表示させます。

診断結果表示部分のHTMLの作成

前回までで作ったHTMLには、入力を受け取る部分はありますが、診断結果を表示する部分がありません。まずは診断結果を表示する場所を作っていきましょう。

```html
assessment.html
<!DOCTYPE html>
<html lang="ja">
<head>
    <meta charset="UTF-8">
    <link rel="stylesheet" href="assessment.css">
    <title> あなたのいいところ診断 </title>
</head>
<body>
    <h1> あなたのいいところは？</h1>
    <p> 診断したい名前を入れて下さい </p>
    <input type="text" id="user-name" size="40" maxlength="20">
    <button id="assessment"> 診断する </button>
    <script src="assessment.js"></script>
</body>
</html>
```

　これが現在のHTMLの状態です。このコードに、「診断結果を表示する場所」と「ツイートボタンの表示場所」を作ります。何もない場所に、プログラムから利用できるエリアを確保するためには、divタグを利用します。

divタグとは

　divタグのdivとはDivision（ディビジョン）の略称で、「区分・部分」という意味です。このタグはほかのタグとは異なり、何も意味を持ちません。ただし、JavaScriptのプログラムやCSSから操作したい場所にdivタグを使ってマークアップしておくと、そこにプログラムから何かしらの表示をさせたり、スタイルシートで表示を変更したりすることができて便利です。

　divタグを利用して、「診断結果を表示する場所」と「ツイートボタンの表示場所」を入力すると、次のようになります。

assessment.html：div要素を追加

```
<!DOCTYPE html>
<html lang="ja">
<head>
    <meta charset="UTF-8">
    <link rel="stylesheet" href="assessment.css">
    <title> あなたのいいところ診断 </title>
</head>
<body>
    <h1> あなたのいいところは ?</h1>
    <p> 診断したい名前を入れて下さい </p>
    <input type="text" id="user-name" size="40" maxlength="20">
    <button id="assessment"> 診断する </button>
    <div id="result-area"></div>
    <div id="tweet-area"></div>          追加したdiv要素
    <script src="assessment.js"></script>
</body>
</html>
```

　追加した以下の部分は、「診断結果表示エリア」と「ツイートボタン表示エリア」を表したdiv要素となっています。

```
<div id="result-area"></div>
<div id="tweet-area"></div>
```

4

診断アプリを作ってみよう

div要素の中身はまだ空なので、これらが増えてもChromeで表示した際の見た目が変わることはありません。

ボタンをクリックしたときの動作を作成する

［診断する］ボタンをクリックしたときの動作を、JavaScriptで作成しましょう。プログラムから使うことがわかっているUI部品を、JavaScriptのプログラムから呼び出せるようにします。ここまで進めていれば、assessment.jsは次のようになっているはずです。

```
assessment.js
'use strict';
const answers = [
    '{userName} のいいところは声です。{userName} の特徴的な声は皆を惹きつけ、心
に残ります。',
    '{userName} のいいところはまなざしです。{userName} に見つめられた人は、気に
なって仕方がないでしょう。',
    '{userName} のいいところは情熱です。{userName} の情熱に周りの人は感化されま
す。',
    '{userName} のいいところは厳しさです。{userName} の厳しさがものごとをいつも
成功に導きます。',
    '{userName} のいいところは知識です。博識な {userName} を多くの人が頼りにし
ています。',
    '{userName} のいいところはユニークさです。{userName} だけのその特徴が皆を楽
しくさせます。',
    '{userName} のいいところは用心深さです。{userName} の洞察に、多くの人が助け
られます。',
    '{userName} のいいところは見た目です。内側から溢れ出る {userName} の良さに
皆が気を惹かれます。',
    '{userName} のいいところは決断力です。{userName} がする決断にいつも助けられ
る人がいます。',
    '{userName} のいいところは思いやりです。{userName} に気にかけてもらった多く
の人が感謝しています。',
    '{userName} のいいところは感受性です。{userName} が感じたことに皆が共感し、
わかりあうことができます。',
    '{userName} のいいところは節度です。強引すぎない {userName} の考えに皆が感
謝しています。',
    '{userName} のいいところは好奇心です。新しいことに向かっていく {userName}
の心構えが多くの人に魅力的に映ります。',
    '{userName} のいいところは気配りです。{userName} の配慮が多くの人を救ってい
ます。',
```

'{userName} のいいところはその全てです。ありのままの {userName} 自身がいいところなのです。',

'{userName} のいいところは自制心です。やばいと思ったときにしっかりと衝動を抑えられる {userName} が皆から評価されています。'
];

```javascript
/**
 * 名前の文字列を渡すと診断結果を返す関数
 * @param {string} userName ユーザーの名前
 * @return {string} 診断結果
 */
function assessment(userName) {
    // 全文字のコード番号を取得してそれを足し合わせる
    let sumOfCharCode = 0;
    for (let i = 0; i < userName.length; i++) {
        sumOfCharCode = sumOfCharCode + userName.charCodeAt(i);
    }

    // 文字のコード番号の合計を回答の数で割って添字の数値を求める
    const index = sumOfCharCode % answers.length;
    let result = answers[index];

    result = result.replace(/\{userName\}/g, userName);
    return result;
}

// テストコード
console.assert(
    assessment('太郎') ===
        '太郎のいいところは決断力です。太郎がする決断にいつも助けられる人がいます。',
    '診断結果の文言の特定の部分を名前に置き換える処理が正しくありません。'
);
console.assert(
    assessment('太郎') === assessment('太郎'),
    '入力が同じ名前なら同じ診断結果を出力する処理が正しくありません。'
);
```

ここに追記していきましょう。

```javascript
'use strict';
const userNameInput = document.getElementById('user-name');
const assessmentButton = document.getElementById('assessment');
const resultDivided = document.getElementById('result-area');
const tweetDivided = document.getElementById('tweet-area');
```

「'use strict';」の下の行に、上のコードを追記します。各行で、設定したidを使って要素の取得を行っています。変数tweetDividedは、id名「tweet-area」が指定されたdiv要素を取得したものです。

それでは、ボタンをクリックしたときに何かしらの反応をするようにしてみましょう。上で追加したコードの下に、次のコードを記述します。

```javascript
assessmentButton.onclick = function() {
    console.log(' ボタンが押されました ');
    // TODO 診断結果表示エリアの作成
    // TODO ツイートエリアの作成
};
```

このように、「assessmentButton.onclick」に関数を代入します。この関数は、無名関数と呼ばれる、名前を持たない関数です。これをassessmentButtonというオブジェクトの「onclick」というプロパティに設定することで、ボタンがクリックされたときに関数が実行されるように設定しています。

それでは、Chromeのデベロッパーツールのコンソールを開いて、［診断する］ボタンをクリックしたときに、

ボタンが押されました

とログが表示されるか確認しましょう。

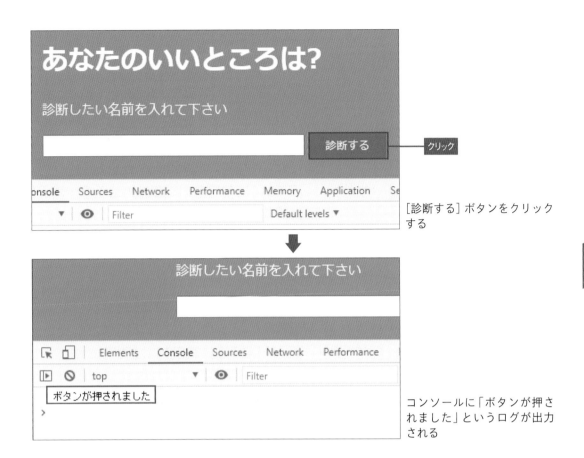

[診断する] ボタンをクリックする

コンソールに「ボタンが押されました」というログが出力される

実は、この無名関数は、ES6ではもっと簡単に書くことができます。

```
const tweetDivided = document.getElementById('tweet-area');
assessmentButton.onclick = () => {        「=>」に書き換える
    console.log(' ボタンが押されました ');
    // TODO 診断結果表示エリアの作成
    // TODO ツイートエリアの作成
};
```

「function」という文字の代わりに「=>」と書いています。この機能のことをアロー関数と呼びます。これでも同様に動くので、確認してみましょう。

テキストフィールドに入力された名前を受け取る

次に、テキストフィールドに入力された名前をJavaScriptで受け取ってみましょう。userNameInputオブジェクトのvalueプロパティから、テキストフィールドに入力さ

れた文字列を受け取ることができます。「assessmentButton.onclick」に代入した無名
関数の内容を、次のように書き換えてみましょう。

```
assessmentButton.onclick = () => {
    const userName = userNameInput.value;
    console.log(userName); ┐──── 引数をuserNameに変更
    // TODO  診断結果表示エリアの作成
    // TODO  ツイートエリアの作成
};
```

　Chromeでassessment.htmlを再読み込みし、テキストフィールドに「太郎」と入力
して［診断する］ボタンをクリックしてみましょう。デベロッパーツールのコンソー
ルにログとして、

太郎

と表示されます。

テキストフィールドに「太郎」
と入力して［診断する］ボタン
をクリックする

JavaScriptで、入力された名前を取得し、コンソールに「太郎」というログが表示される

　なお、名前が入力されていない場合は、プログラム側で何も処理を実行しないようにしておきたいので、そのためのコードを追加しておきましょう。

　「assessmentButton.onclick」に代入した無名関数の内容を、次のように変更します。

assessment.js：名前が入力されていないときは処理を終了する

```
assessmentButton.onclick = () => {
    const userName = userNameInput.value;
    if (userName.length === 0) {
        // 名前が空の時は処理を終了する
        return;
    }
    console.log(userName);
    // TODO 診断結果表示エリアの作成
    // TODO ツイートエリアの作成
};
```

　関数の処理の中で「return;」と書くと、戻り値なしにそこで関数の処理を終了する、という意味になります。ここでは、「名前の文字列の長さが0だった場合は、処理を終了する」と記述しています。

ガード句

```
if (userName.length === 0) {
    // 名前が空の時は処理を終了する
    return;
}
```

　このような、特定の条件のときに処理を終了させるコードを、ガード句と呼びます。これは、ifとelseを使って書くこともできるのですが、処理をさせたくない条件が増えたときに、ifの{}の入れ子が深くなってしまうため、それを避けて読みやすくするために使います。

Webページに診断結果を表示する

　今度は、JavaScriptでWebページに診断結果を表示させましょう。直前に追加したガード句の下の「console.log」を削除し、次のコードを追記します。

assessment.js：診断結果を表示する

```
// 診断結果表示エリアの作成
const header = document.createElement('h3');
header.innerText = ' 診断結果 ';
resultDivided.appendChild(header);

const paragraph = document.createElement('p');
const result = assessment(userName);
paragraph.innerText = result;
resultDivided.appendChild(paragraph);

// TODO ツイートエリアの作成
```

　新しく「document.createElement」や「innerText」などが登場しました。createElement（クリエイト・エレメント）は「要素を作成する」という意味、innerText（インナーテキスト）は「内側のテキスト」という意味です。

　今まで使ってきたdocument.writeでは、「<p>タグの中身</p>」というHTMLを適

用するために、タグの内容を「document.write('\<p\>タグの中身\</p\>');」と記述する必要がありました。シンプルではありますが、後からタグの中身だけを変更したい場合などに手間取ってしまいます。

しかし、document.createElementを使うと、まず「\<p\>\</p\>」や「\<h3\>\</h3\>」のような要素を作成し、後からinnerTextプロパティを用いてタグの中身を設定できます。

上記のコードでは、まずは、「診断結果」というh3の見出しを作って、結果のdiv要素に追加します。

div要素を親として、h3の見出しを子要素として追加するのでappendChildという関数を使っています。「appendChild（アペンド・チャイルド）」は「子を追加する」という意味です。

その後、pで段落要素を作成して、以前作成したassessment関数で診断結果の文字列を作成し、そのpタグ内の文字列として入れてみましょう。ここでも、div要素の子要素としてpタグを追加（appendChild）しています。

親要素と子要素はHTMLの入れ子構造で重要な概念です。

```
<div id="result-area">
    <h3> 診断結果 </h3>
    <p> あなたのいいところは声です。あなたの特徴的な声は皆を惹きつけ、心に残ります。
</p>
</div>
```

というHTMLの場合、divが親要素、h3とpが子要素です。

assessment.htmlをChromeで再読み込みして、動作を確認してみましょう。Webページに診断結果が表示されるはずです。

現時点でのソースコードは、次のようになります。

assessment.js
```
'use strict';
const userNameInput = document.getElementById('user-name');
const assessmentButton = document.getElementById('assessment');
const resultDivided = document.getElementById('result-area');
const tweetDivided = document.getElementById('tweet-area');

assessmentButton.onclick = () => {
    const userName = userNameInput.value;
    if (userName.length === 0) {
```

```
        // 名前が空の時は処理を終了する
        return;
    }

    // 診断結果表示エリアの作成
    const header = document.createElement('h3');
    header.innerText = ' 診断結果 ';
    resultDivided.appendChild(header);

    const paragraph = document.createElement('p');
    const result = assessment(userName);
    paragraph.innerText = result;
    resultDivided.appendChild(paragraph);

    // TODO ツイートエリアの作成
};


const answers = [
    '{userName} のいいところは声です。{userName} の特徴的な声は皆を惹きつけ、心
に残ります。',
    '{userName} のいいところはまなざしです。{userName} に見つめられた人は、気に
なって仕方がないでしょう。',
    '{userName} のいいところは情熱です。{userName} の情熱に周りの人は感化されま
す。',
    '{userName} のいいところは厳しさです。{userName} の厳しさがものごとをいつも
成功に導きます。',
    '{userName} のいいところは知識です。博識な {userName} を多くの人が頼りにし
ています。',
    '{userName} のいいところはユニークさです。{userName} だけのその特徴が皆を楽
しくさせます。',
    '{userName} のいいところは用心深さです。{userName} の洞察に、多くの人が助け
られます。',
    '{userName} のいいところは見た目です。内側から溢れ出る {userName} の良さに
皆が気を惹かれます。',
    '{userName} のいいところは決断力です。{userName} がする決断にいつも助けられ
る人がいます。',
    '{userName} のいいところは思いやりです。{userName} に気にかけてもらった多く
の人が感謝しています。',
    '{userName} のいいところは感受性です。{userName} が感じたことに皆が共感し、
わかりあうことができます。',
    '{userName} のいいところは節度です。強引すぎない {userName} の考えに皆が感
謝しています。',
```

'{userName} のいいところは好奇心です。新しいことに向かっていく {userName} の心構えが多くの人に魅力的に映ります。',
　　　'{userName} のいいところは気配りです。{userName} の配慮が多くの人を救っています。',
　　　'{userName} のいいところはその全てです。ありのままの {userName} 自身がいいところなのです。',
　　　'{userName} のいいところは自制心です。やばいと思ったときにしっかりと衝動を抑えられる {userName} が皆から評価されています。'
];

```javascript
/**
 * 名前の文字列を渡すと診断結果を返す関数
 * @param {string} userName ユーザーの名前
 * @return {string} 診断結果
 */
function assessment(userName) {
    // 全文字のコード番号を取得してそれを足し合わせる
    let sumOfCharCode = 0;
    for (let i = 0; i < userName.length; i++) {
        sumOfCharCode = sumOfCharCode + userName.charCodeAt(i);
    }

    // 文字のコード番号の合計を回答の数で割って添字の数値を求める
    const index = sumOfCharCode % answers.length;
    let result = answers[index];

    result = result.replace(/\{userName\}/g, userName);
    return result;
}

// テストコード
console.assert(
    assessment('太郎') ===
        '太郎のいいところは決断力です。太郎がする決断にいつも助けられる人がいます。',
    '診断結果の文言の特定の部分を名前に置き換える処理が正しくありません。'
);
console.assert(
    assessment('太郎') === assessment('太郎'),
    '入力が同じ名前なら同じ診断結果を出力する処理が正しくありません。'
);
```

4

診断アプリを作ってみよう

テキストフィールドに名前を入力し、[診断する]ボタンをクリックする

JavaScriptで診断結果を表示する

連続して診断結果が出てしまわないようにしよう

この「あなたのいいところ診断」は、[診断する]ボタンを2回以上クリックした場合、どんどん見出しと診断結果の段落が追加されてしまいます。試しに名前を入力後、何度か [診断する] ボタンをクリックしてみて下さい。

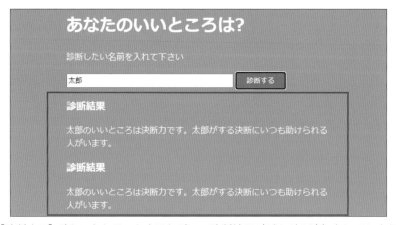

[診断する]ボタンをクリックするたびに、診断結果がどんどん追加されてしまう

この問題に対応するために、[診断する]ボタンがクリックされたら一度、診断結果のdiv要素の子要素を全て削除する処理をしましょう。「診断結果表示エリアの作成」のコメントの下に、次のように追記します。

```
// 診断結果表示エリアの作成
while (resultDivided.firstChild) { // 子要素があるかぎり削除
    resultDivided.removeChild(resultDivided.firstChild);
}
const header = document.createElement('h3');
```

　while文は、与えられた論理式がtrueである場合に実行し続ける制御文です。プログラミングにおける論理式とは、trueもしくはfalseの真偽値を返す式のことです（P.106参照）。

　ここで書いているwhile文の処理は、診断結果表示エリアに、最初の子要素が存在する限り、その最初の子要素を削除し続けるという内容です。つまり、診断結果表示エリア内の子要素を全て削除する、という動作です。

　それでは、assessment.htmlをChromeで再読み込みして、動作を確認してみましょう。［診断する］ボタンを何度クリックしても、表示される診断結果は常に1つとなります。

TIPS **JavaScriptの論理評価**

```
while (resultDivided.firstChild) { // 子要素があるかぎり削除
    resultDivided.removeChild(resultDivided.firstChild);
}
```

　JavaScriptで、ifやwhileで受け取る値は、true以外の値でもほとんどの場合trueと評価されるのですが、trueにならないような値には、以下のものがあります。つまり、以下の値以外がifやwhileの条件式に与えられた場合は、trueとして判断されるということです。「NaN」は非数という、数値にできないことを意味する特殊な値です。

　・false　　　　　　　・undefined　　　　　　・数値の0
　・null　　　　　　　・空文字列 ''　　　　　　・NaN

　また、このようにifやwhileの条件式に与えたときに、trueになる値のことを「truthyな値」、falseになる値のことを「falsyな値」と呼びます。

指定した要素の子要素を全削除する関数を書こう

　今度は、指定した要素の子要素を全て削除する処理を、関数として書き換えましょう。「assessmentButton.onclick」の前の行にカーソルを移動して改行し、7行目に次のコードを追記します。

assessment.js：7行目にコードを追加する

```
/**
 * 指定した要素の子要素を全て削除する
 * @param {HTMLElement} element HTML の要素
 */
function removeAllChildren(element) {
    while (element.firstChild) { // 子要素があるかぎり削除
        element.removeChild(element.firstChild);
    }
}
```

　このように、関数として定義することで、まどろっこしい解釈が必要だった次のコードを、

修正前のコード

```
    // 診断結果表示エリアの作成
    while (resultDivided.firstChild) { // 子要素があるかぎり削除
        resultDivided.removeChild(resultDivided.firstChild);
    }
```

　次のように変更すると、resultDividedの全ての子要素を削除していることがわかりやすくなります。

修正後のコード

```
    // 診断結果表示エリアの作成
    removeAllChildren(resultDivided);
```

　ここまでの入力・変更を終えたソースコードは、次のようになります。

`assessment.js`

```javascript
'use strict';
const userNameInput = document.getElementById('user-name');
const assessmentButton = document.getElementById('assessment');
const resultDivided = document.getElementById('result-area');
const tweetDivided = document.getElementById('tweet-area');

/**
 * 指定した要素の子要素を全て削除する
 * @param {HTMLElement} element HTML の要素
 */
function removeAllChildren(element) {
    while (element.firstChild) { // 子要素があるかぎり削除
        element.removeChild(element.firstChild);
    }
}

assessmentButton.onclick = () => {
    const userName = userNameInput.value;
    if (userName.length === 0) {
        // 名前が空の時は処理を終了する
        return;
    }

    // 診断結果表示エリアの作成
    removeAllChildren(resultDivided);
    const header = document.createElement('h3');
    header.innerText = ' 診断結果 ';
    resultDivided.appendChild(header);

    const paragraph = document.createElement('p');
    const result = assessment(userName);
    paragraph.innerText = result;
    resultDivided.appendChild(paragraph);

    // TODO ツイートエリアの作成
};

const answers = [
```

'{userName} のいいところは声です。{userName} の特徴的な声は皆を惹きつけ、心に残ります。',
'{userName} のいいところはまなざしです。{userName} に見つめられた人は、気になって仕方がないでしょう。',
'{userName} のいいところは情熱です。{userName} の情熱に周りの人は感化されます。',
'{userName} のいいところは厳しさです。{userName} の厳しさがものごとをいつも成功に導きます。',
'{userName} のいいところは知識です。博識な {userName} を多くの人が頼りにしています。',
'{userName} のいいところはユニークさです。{userName} だけのその特徴が皆を楽しくさせます。',
'{userName} のいいところは用心深さです。{userName} の洞察に、多くの人が助けられます。',
'{userName} のいいところは見た目です。内側から溢れ出る {userName} の良さに皆が気を惹かれます。',
'{userName} のいいところは決断力です。{userName} がする決断にいつも助けられる人がいます。',
'{userName} のいいところは思いやりです。{userName} に気にかけてもらった多くの人が感謝しています。',
'{userName} のいいところは感受性です。{userName} が感じたことに皆が共感し、わかりあうことができます。',
'{userName} のいいところは節度です。強引すぎない {userName} の考えに皆が感謝しています。',
'{userName} のいいところは好奇心です。新しいことに向かっていく {userName} の心構えが多くの人に魅力的に映ります。',
'{userName} のいいところは気配りです。{userName} の配慮が多くの人を救っています。',
'{userName} のいいところはその全てです。ありのままの {userName} 自身がいいところなのです。',
'{userName} のいいところは自制心です。やばいと思ったときにしっかりと衝動を抑えられる {userName} が皆から評価されています。'
];

```
/**
 * 名前の文字列を渡すと診断結果を返す関数
 * @param {string} userName ユーザーの名前
 * @return {string} 診断結果
 */
function assessment(userName) {
    // 全文字のコード番号を取得してそれを足し合わせる
    let sumOfCharCode = 0;
    for (let i = 0; i < userName.length; i++) {
```

```
    sumOfCharCode = sumOfCharCode + userName.charCodeAt(i);
    }

    // 文字のコード番号の合計を回答の数で割って添字の数値を求める
    const index = sumOfCharCode % answers.length;
    let result = answers[index];

    result = result.replace(/\{userName\}/g, userName);
    return result;
}

// テストコード
console.assert(
    assessment('太郎') ===
        '太郎のいいところは決断力です。太郎がする決断にいつも助けられる人がいま
す。',
    '診断結果の文言の特定の部分を名前に置き換える処理が正しくありません。'
);
console.assert(
    assessment('太郎') === assessment('太郎'),
    '入力が同じ名前なら同じ診断結果を出力する処理が正しくありません。'
);
```

4

診断アプリを作ってみよう

まとめ

1. **ES6** では「アロー関数」を使うことで、無名関数を簡潔に書くことができる
2. **if** や **while** では、真偽値以外を受け取って **true** や **false** と解釈することができる
3. 関数を使って処理をまとめ、関数名をつけることで、複雑な処理をわかりやすく記述することができる

[診断する] ボタンがクリックされたときに、診断結果表示エリアの子要素を全て削除するようにしましたが、同時にツイートエリアの子要素を全て削除してみましょう。HTMLの「<div id="tweet-area"></div>」の中身に「<p>テスト</p>」要素を追加し、ちゃんと削除されるかを確認してみましょう。このコードは、assessment.jsの「TODO ツイートエリアの作成」のコメントの下に追記して下さい。

解答

assessment.js：ツイートエリアの子要素を削除

```
// TODO ツイートエリアの作成
removeAllChildren(tweetDivided);
```

[診断する] ボタンをクリックすると、追加されている「<div id="tweet-area"><p>テスト</p></div>」の「<p>テスト</p>」部分が削除されて表示されます。

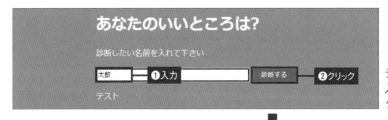

テキストフィールドに名前を入力し、[診断する] ボタンをクリックする

ツイートエリアの「テスト」の文字が消える

◉ チャレンジしてみよう

テキストフィールドに文字を入力したり、ボタンをクリックしたりすると、何かしらの結果を表示するWebページを作ってみましょう。

SECTION 17 ツイート機能の開発

診断機能の開発と、**Web**ページへの表示は完成しました。ここでは、**Web**ページに表示された診断結果をツイートできるようにします。

ツイートボタンを作ってみよう

　ツイートボタンは、Twitterの公式サイトにて、ボタンを作成するためのHTMLタグが提供されています。

　Googleなどの検索サイトで「Twitterボタン」と検索して、Twitterが公式で提供しているTwitterボタン作成サイト（https://publish.twitter.com/#）を開いて下さい。

　今回は、ハッシュタグを付けてツイートできるようにしたいので、「#あなたのいいところ」と入力して下さい。なお、「#」は半角で入力するようにして下さい。入力し終わったら、右側にある矢印をクリックして下さい。

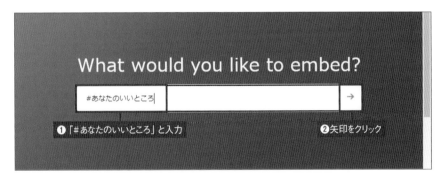

「#あなたのいいところ」と入力

　ボタンをカスタマイズするため、「set customization options」というリンクをクリックします。

「set customization options」をクリック

カスタマイズする画面が開いたら、「Do you want to prefill the Tweet text?」という一番上の欄に「診断結果の文章」などと入力します。

「診断結果の文章」の部分は、後で実際の診断結果に置き換えるため、自分がわかるようであれば何と入力しても構いません。

入力が完了したら右下の「Update」をクリックします。

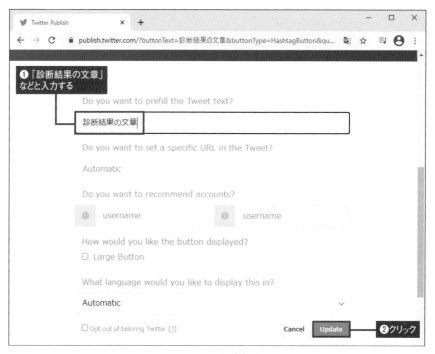

カスタマイズする

元の画面に戻るので、「Copy Code」ボタンをクリックします。

「Copy Code」ボタンをクリック

「Copied!」と表示されたらコピー完了です。

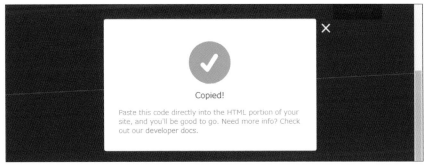

コピー完了

　先ほどコピーした文字列を assessment.html の「<div id="tweet-area"></div>」の中に貼り付けてみましょう。無事に貼り付け終わったらTwitterボタン作成のページは閉じて構いません。

```
<div id="tweet-area">
    <a
        href="https://twitter.com/intent/tweet?button_hashtag=あな
たのいいところ&ref_src=twsrc%5Etfw"
        class="twitter-hashtag-button"
        data-text="診断結果の文章"
        data-show-count="false"
        >Tweet #あなたのいいところ</a>
    <script
        async
        src="https://platform.twitter.com/widgets.js"
        charset="utf-8"
    ></script>
</div>
```

1行が長いですが、よく見るとaタグとscriptタグで構成されていることがわかりま

す。実際にツイートボタンとして機能しているのか、Chromeでassessment.htmlを再読み込みして、動作を確認してみましょう。

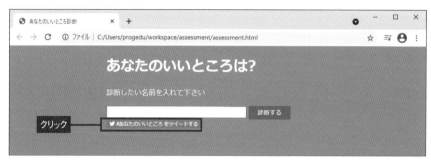

Webページに追加したツイートボタンをクリックする

ツイート画面が開く

　なお、ツイート画面の中身に、以下のように「#」（ハッシュタグ）記号が余分に含まれてしまう場合があります。

　これはTwitter側のバグであるため、学習を進める上では気にしなくて構いません。

ツイートの末尾に「#」が含まれる場合がある

ツイートボタンをプログラムから扱ってみよう

先ほど見たとおり、Twitter からコピーした HTML は

・**a タグ**

・**script タグ**

の2つから構成されていることがわかります。まずは a タグから見ていきましょう。

```
<a
    href="https://twitter.com/intent/tweet?button_hashtag=あな
たのいいところ&ref_src=twsrc%5Elfw"
    class="twitter-hashtag-button"
    data-text="診断結果の文章"
    data-show-count="false"
>Tweet #あなたのいいところ</a>
```

長いですが、この a タグの中身をよく見ると、a タグ要素の中には href 属性と class 属性、data-text 属性、data-show-count 属性、中身のテキストがあることわかります。

今度は、Twitter から提供された script タグの内容も同様に見てみましょう。

```
<script
    async
    src="https://platform.twitter.com/widgets.js"
    charset="utf-8"
></script>
```

script 要素は、Twitter のサーバー上にある widgets.js というスクリプトを読み込んでいることがわかります。これらをプログラムに書いてみましょう。

先ほど assessment.html に貼り付けた a タグと script タグを削除し、assessment.html を以下のようにします。

assessment.html

```
<!DOCTYPE html>
<html lang="ja">
```

4

診断アプリを作ってみよう

```html
<head>
    <meta charset="UTF-8">
    <link rel="stylesheet" href="assessment.css">
    <title>あなたのいいところ診断</title>
</head>
<body>
    <h1>あなたのいいところは?</h1>
    <p>診断したい名前を入れて下さい</p>
    <input type="text" id="user-name" size="40" maxlength="20">
    <button id="assessment">診断する</button>
    <div id="result-area"></div>
    <div id="tweet-area"></div>
    <script src="assessment.js"></script>
</body>
</html>
```

　assessment.js内に書いたコメント「// TODOツイートエリアの作成」とremove
AllChildren関数の下の行に、次のようにコードを追加します。hrefValueとanchor.
innerTextに代入するURLと文字列は、TwitterからコピーしたHTMLのものを使って下
さい。

```
assessment.js
// TODO ツイートエリアの作成
removeAllChildren(tweetDivided);
const anchor = document.createElement('a');
const hrefValue =
    'https://twitter.com/intent/tweet?button_hashtag=あなたのいいところ
&ref_src=twsrc%5Etfw';

anchor.setAttribute('href', hrefValue);
anchor.className = 'twitter-hashtag-button';
anchor.setAttribute('data-text', '診断結果の文章');
anchor.innerText = 'Tweet #あなたのいいところ';
tweetDivided.appendChild(anchor);
```

　なお、class属性についてはsetAttribute()を用いず、anchor.classNameというプロパ
ティに値を設定しています。hrefなどほかの属性と異なり、class属性とid属性に関し
てはそれぞれ専用のプロパティが用意されているからです。

　もちろん、anchor.setAttribute('class', 'twitter-hashtag-button');のようにsetAttribute()を用いて書いても同じ動きになるので、classだけ別の書き方をしたくないという場合はこちらでも構いません。

◆ **TIPS** **複数のclassを管理する場合**

　HTMLの要素には複数のclassを持たせることができます。たとえば、以下のようなHTMLタグを書くことができます。

```
<a href="https://nnn.ed.nico/" class="nnn-link large-button
green-text">N 予備校へアクセス </a>
```

　こうした複数のclassをJavaScriptから管理する場合はclassListを使うことができます。追加する場合は以下のようにadd()メソッドを使います。

```
const anchor = document.createElement('a');
anchor.classList.add('nnn-link');
anchor.classList.add('large-button','green-text'); //複数のclass
を一度に追加することもできる
```

　ここまで入力できたら、Chromeでassessment.htmlを再読み込みして、動作を確認してみましょう。ただのaタグが表示されたと思います。このaタグをクリックすると、ツイートを実行することができます。

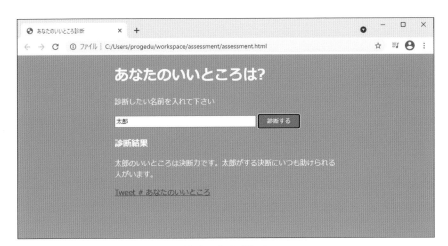

ツイートのリンク

4

ツイート画面が表示される

　なお、ツイート機能を追加すると、Chromeのデベロッパーツールのコンソールに、以下のように赤や黄色の背景で警告が出る場合もありますが、今は気にする必要はありません。正しくツイート画面が表示されれば大丈夫です。

```
⚠ A cookie associated with a cross-site resource at htt  assessment.html:1
  p://twitter.com/ was set without the `SameSite` attribute. A future
  release of Chrome will only deliver cookies with cross-site requests if
  they are set with `SameSite=None` and `Secure`. You can review cookies
  in developer tools under Application>Storage>Cookies and see more
  details at https://www.chromestatus.com/feature/5088147346030592 and htt
  ps://www.chromestatus.com/feature/5633521622188032.
⚠ A cookie associated with a cross-site resource at htt  assessment.html:1
  ps://twitter.com/ was set without the `SameSite` attribute. A future
  release of Chrome will only deliver cookies with cross-site requests if
  they are set with `SameSite=None` and `Secure`. You can review cookies
  in developer tools under Application>Storage>Cookies and see more
  details at https://www.chromestatus.com/feature/5088147346030592 and htt
  ps://www.chromestatus.com/feature/5633521622188032.
```

Chromeの警告

続いてwidgets.jsスクリプトを設定し実行するコードを追加します。

```
// Widgets.js の設定
const script = document.createElement('script');
script.setAttribute('src', 'https://platform.twitter.com/widgets.
js');
tweetDivided.appendChild(script);
```

　これにより読み込んだwidgets.jsが動作し、ただのリンクで表示されていた部分が、Twitterのボタンのような見た目になります。
　Chromeで再読み込みして確認してみましょう。

ハッシュタグの設定

　先ほどのaタグのhref属性のURIをよく見てみると「?button_hashtag=あなたのいいところ」というものが含まれているのがわかります。

```
<a href="https://twitter.com/intent/tweet?button_hashtag= あなたのい
いところ &ref_src=twsrc%5Etfw"
```

◉ URIとは

　URI（ユーアールアイ）とは、インターネット上などにある情報やサービスを一意に識別するためのデータ形式で、Uniform Resource Identifierの略称です。なおインターネット上の場所に限定したものとして、URL（Uniform Resource Locatorの略称）と呼ぶこともあります。

◉ URIの各箇所の名前

　今回のTwitterの例で、URIを詳しく見てみましょう。

```
https://twitter.com/intent/tweet?button_hashtag= あ な た のいいところ
&ref_src=twsrc%5Etfw
```

　このURIでは、以下のように部分ごとに役割が決められています。

- ・「**https**」の部分は、**URIのスキーム**
- ・「**twitter.com**」の部分は、**ホスト名**
- ・「**/intent/tweet**」の部分は、**リソース名**
- ・「**?**」以降の部分は、**クエリ**

　なおそれぞれの部分がどのような役割を担っているかについては、今の段階では覚える必要はありません。最後のクエリだけを頭に入れておいて下さい。

　このURIのクエリに日本語のような半角英数字以外の文字を含めるには、URIエンコードを使います。

　なお、最近のブラウザでは半角英数字以外を含むクエリがあった場合でも正しく解釈してくれます。実際、Twitterの公式サイトで生成した上記のコードは日本語の文字

4

診断アプリを作ってみよう

列がそのまま入っていますが、Chromeでは正しく動作するはずです。

　しかしながら、URIに関する規格では半角英数字以外を利用してはならないことになっているため、ブラウザや環境によっては動作しない可能性もあります。ですから、Webページを制作する際、クエリが半角英数字のみで表現されるようにURIエンコードしておくほうが安全だといえます。

◉ URIエンコードとは

　URIエンコードとは、URIのクエリに含めることのできない文字のために、それらの文字を%（パーセント）という記号からはじまる16進数で表現するための変換方法のことです。URLエンコードやパーセントエンコーディングなどということもあります。

　JavaScriptでは、以下の2つの関数で「文字列をURIエンコードに変換」と「URIエンコードから文字列に復元」することができます。

- **encodeURIComponent関数で文字列をURIエンコードされたものへ変換**
- **decodeURIComponent関数でURIエンコードされた文字列から元のものへ復元**

Chromeのデベロッパーツールのコンソールで動作を試してみましょう。

```
encodeURIComponent('あ');
> "%E3%81%82"
decodeURIComponent('%E3%81%82');
> "あ"
```

　1行目と3行目のコードを入力して Enter キーを押すと、2行目・4行目のように、文字列が変換・復元されます。

　それでは、URIエンコードを使ってハッシュタグを「#あなたのいいところ」になるようにコードを下記のように変えましょう。

```
const hrefValue =
    'https://twitter.com/intent/tweet?button_hashtag=' +
    encodeURIComponent('あなたのいいところ') +
    '&ref_src=twsrc%5Etfw';
```

　ここではhrefValue変数への代入時に、もともと日本語文字列で書かれていた「あなたのいいところ」の部分を削り「+」を使った文字列結合で、URIエンコードされた「あなたのいいところ」という文字列を結合しています。

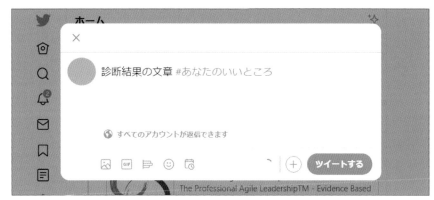

ハッシュタグが設定された

ツイートの文章に診断結果をのせてみよう

なお、この時点ではツイートに診断結果が組み込まれないはずです。
data-text属性の箇所を見てみましょう。

```
anchor.setAttribute('data-text', ' 診断結果の文章 ');
```

　先ほど設定した診断結果の文章がここに設定されています。
　ツイートの文章を実際の診断結果にするため、コードを下記のように変えましょう。

```
anchor.setAttribute('data-text', result);
```

　ここでは、ツイートの文章を、診断結果が入っている変数resultに変えています。
コードの全体像は次のようになります。

4

診断アプリを作ってみよう

```javascript
'use strict';
const userNameInput = document.getElementById('user-name');
const assessmentButton = document.getElementById('assessment');
const resultDivided = document.getElementById('result-area');
const tweetDivided = document.getElementById('tweet-area');

/**
 * 指定した要素の子要素を全て削除する
 * @param {HTMLElement} element HTML の要素
 */
function removeAllChildren(element) {
    while (element.firstChild) { // 子要素があるかぎり削除
        element.removeChild(element.firstChild);
    }
}

assessmentButton.onclick = () => {
    const userName = userNameInput.value;
    if (userName.length === 0) {
        // 名前が空の時は処理を終了する
        return;
    }

    // 診断結果表示エリアの作成
    removeAllChildren(resultDivided);
    const header = document.createElement('h3');
    header.innerText = ' 診断結果 ';
    resultDivided.appendChild(header);

    const paragraph = document.createElement('p');
    const result = assessment(userName);
    paragraph.innerText = result;
    resultDivided.appendChild(paragraph);

    // TODO ツイートエリアの作成
    removeAllChildren(tweetDivided);
    const anchor = document.createElement('a');
```

```
    const hrefValue =
        'https://twitter.com/intent/tweet?button_hashtag=' +
        encodeURIComponent(' あなたのいいところ ') +
        '&ref_src=twsrc%5Etfw';
    anchor.setAttribute('href', hrefValue);
    anchor.className = 'twitter-hashtag-button';
    anchor.setAttribute('data-text', result);
    anchor.innerText = 'Tweet # あなたのいいところ ';
    tweetDivided.appendChild(anchor);

    // widgets.js の設定
    const script = document.createElement('script');
    script.setAttribute('src', 'https://platform.twitter.com/
widgets.js');
    tweetDivided.appendChild(script);
};


const answers = [
    '{userName} のいいところは声です。{userName} の特徴的な声は皆を惹きつけ、心
に残ります。',
    '{userName} のいいところはまなざしです。{userName} に見つめられた人は、気に
なって仕方がないでしょう。',
    '{userName} のいいところは情熱です。{userName} の情熱に周りの人は感化されま
す。',
    '{userName} のいいところは厳しさです。{userName} の厳しさがものごとをいつも
成功に導きます。',
    '{userName} のいいところは知識です。博識な {userName} を多くの人が頼りにし
ています。',
    '{userName} のいいところはユニークさです。{userName} だけのその特徴が皆を楽
しくさせます。',
    '{userName} のいいところは用心深さです。{userName} の洞察に、多くの人が助け
られます。',
    '{userName} のいいところは見た目です。内側から溢れ出る {userName} の良さに
皆が気を惹かれます。',
    '{userName} のいいところは決断力です。{userName} がする決断にいつも助けられ
る人がいます。',
    '{userName} のいいところは思いやりです。{userName} に気にかけてもらった多く
の人が感謝しています。',
    '{userName} のいいところは感受性です。{userName} が感じたことに皆が共感し、
わかりあうことができます。',
    '{userName} のいいところは節度です。強引すぎない {userName} の考えに皆が感
謝しています。',
```

4

診断アプリを作ってみよう

```
        '{userName} のいいところは好奇心です。新しいことに向かっていく {userName}
    の心構えが多くの人に魅力的に映ります。',
        '{userName} のいいところは気配りです。{userName} の配慮が多くの人を救ってい
    ます。',
        '{userName} のいいところはその全てです。ありのままの {userName} 自身がいい
    ところなのです。',
        '{userName} のいいところは自制心です。やばいと思ったときにしっかりと衝動を抑
    えられる {userName} が皆から評価されています。'
    ];

    /**
     * 名前の文字列を渡すと診断結果を返す関数
     * @param {string} userName ユーザーの名前
     * @return {string} 診断結果
     */
    function assessment(userName) {
        // 全文字のコード番号を取得してそれを足し合わせる
        let sumOfCharCode = 0;
        for (let i = 0; i < userName.length; i++) {
            sumOfCharCode = sumOfCharCode + userName.charCodeAt(i);
        }

        // 文字のコード番号の合計を回答の数で割って添字の数値を求める
        const index = sumOfCharCode % answers.length;
        let result = answers[index];

        result = result.replace(/\{userName\}/g, userName);
        return result;
    }

    // テストコード
    console.assert(
        assessment('太郎') ===
            '太郎のいいところは決断力です。太郎がする決断にいつも助けられる人がいま
    す。',
        '診断結果の文言の特定の部分を名前に置き換える処理が正しくありません。'
    );
    console.assert(
        assessment('太郎') === assessment('太郎'),
        '入力が同じ名前なら同じ診断結果を出力する処理が正しくありません。'
    );
```

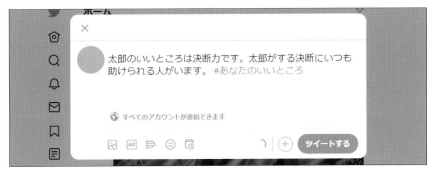

診断結果をツイート内容に設定できた

これで、「あなたのいいところ診断」は完成です。お疲れ様でした。

余談ですが、あなたが書いた HTML や JavaScript と、Chrome で実際に見たときの表示結果を見比べて何か不思議な点はないでしょうか。Twitter ボタンに表示される文字、すなわち「Tweet #あなたのいいところ」の「Tweet」と書いてあった部分が「#あなたのいいところをツイートする」と日本語に変わったはずです。なぜでしょうか？

これは、Twitter から提供された widgets.js が HTML の lang（言語）属性が書かれた部分（<html lang="ja">）を読み取り、このページが日本語（ja）で書かれたと判断した上で、a タグの中身を変更しているのです。もし興味がある方は、HTML の「lang="ja"」の部分を「lang="en"」や「lang="ru"」など、ほかの言語のコードに書き換えてみて下さい。すると表示が変わります。

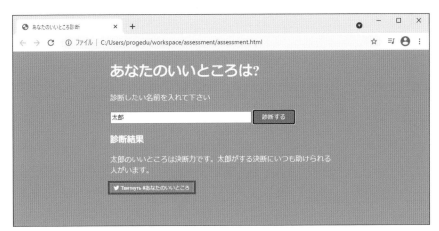

ロシア語（ru）に書き換えると、ロシア語のメッセージが表示された

なお、公開するWebページであれば、実際に使用している言語のコードにしないとアクセスが減ったり、利用者が混乱してしまったりするおそれがありますのできちんと設定するようにして下さい。

TIPS　リバースエンジニアリング

今回行ったような、すでに作られたプログラムの動作や構造を解析することを、「リバースエンジニアリング」といいます。一見複雑に見えるものをしっかり1つ1つ読み解くことは、プログラミングにおいてとても大切なことです。

まとめ

1. **URI**は、インターネット上などにある情報やサービスを一意に識別する
2. **URI**のクエリ部分には、半角英数字しか含められない。それ以外の文字は、**URI**エンコードする必要がある

◀◀◀ **練習** ▶▶▶

　「あなたのいいところ診断」で、テキストフィールド上で Enter キーが押された際にも診断をしてくれるように改良しましょう。テキストフィールドの要素である userNameInput オブジェクトのonkeydown プロパティに、

```javascript
userNameInput.onkeydown = event => {
    if (event.key === 'Enter') {
        // TODO ボタンの onclick() 処理を呼び出す
    }
};
```

　というように無名関数を代入することで、キー入力時の処理が実装できます。「event.key」で押されたキーが取得できます。

4

診断アプリを作ってみよう

`assessment.js:16行目に追記`

```
userNameInput.onkeydown = event => {
    if (event.key === 'Enter') {
        assessmentButton.onclick();
    }
};
```

　これを記述することで、 Enter キーによる診断が実装できます。removeAllChildren 関数の下 (16行目) に入力しましょう。

　「assessmentButton.onclick();」は、assessmentButton オブジェクトの onclick プロパティに代入されている無名関数を呼び出す記述です。

◉ チャレンジしてみよう

　ここまで学んできたことを応用して、自分だけの Web ページを作ってみましょう。

GitHubでWebサイト公開

最後に、**GitHub**という**Web**サービスを利用して、作成した**Web**ページを
全世界に公開してみましょう。

GitHubとは

　GitHub（ギットハブ）は、ソースコードを共有できるWebサービスです。多くのソフトウェアが、このGitHubでソースコードの公開を行っています。

◉ オープンソースソフトウェアとは

　ソースコードが公開されているソフトウェアのことをオープンソースソフトウェア
（OSS）といいます。ソースコードを公開するとどんなよいことがあるのでしょうか？

　まず、ソースコードを公開すれば誰でも無償で利用できることが挙げられます。これはわかりやすいメリットですが、さらに重要なことがあります。それは、

・誰でも自由にソースコードのコピーを作って、それを修正できる

ことです。これが本当にすごいことなのです。

　GitHubで修正した内容は、コピー元にも通知されますし、多くの開発者の中で共有されます。また、オリジナルへの修正依頼を出してオリジナルの作者がOKすれば、オリジナルへ修正点を取り入れてもらうことすらできるのです。

　このような、オープンソースのソフトウェアを多くの人で修正しあう文化は、もともとパッチ文化と呼ばれていました。パッチ（patch）とは、ソースコードを修正するための差分修正を行うファイルのことをいいます。パッチを送りあうこのパッチ文化は、かつては特定の知り合いだけの閉じられた世界で完結していました。

　GitHubはソーシャルネットワーキングサービス（SNS）の機能と、ソフトウェアを管理する機能が一緒になり、多くの人が簡単にオープンソースのソフトウェアの改善に参加できます。途中から開発に参加したメンバーがソースコードへの修正依頼を出

しても、どこをどのように修正したのか簡単に確認できるのです。その修正のやり取りも公開されるため、多くの知見を世界中の人と共有できます。

GitHubでは、ソースコードで構成されるものであれば、何でも公開できます。たとえばHTMLやJavaScriptなども該当します。

そのため、HTMLやJavaScriptで構成される多くのコンテンツを、無料で世界に公開するための最高のプラットフォームでもあるのです。プラットフォームとは、「基盤」や「土台」を意味します。

なお、ソースコードを公開したくない場合には、非公開に設定することもできます。ではさっそく、GitHubのアカウントを作成し、簡単なWebサイトを公開してみましょう。

GitHubのアカウントを作ろう

ブラウザの検索欄もしくはアドレスバーに「GitHub」と入力し、 Enter キーを押して検索しましょう。

ブラウザで「GitHub」と入力して検索

検索結果が表示されるので、GitHubのトップページへのリンクをクリックします。アドレスバーに直接「https://github.co.jp/」とURLを入力することでも、GitHubのトップページを表示できます。

検索結果のトップページへのリンクをクリック

GitHubのトップページが表示されるので、「GitHubに登録する」をクリックします。

「GitHubに登録する」をクリック

続いて「Create your account」という画面が表示されるので、必要事項を入力しましょう。それぞれの項目は次の表を参照して下さい。

Username	GitHub のユーザー名。半角英数字で入力。入力後「Username ○○ is not available」と表示された場合、その名前はすでにほかの誰かが使用しているため利用できない
Email address	利用するメールアドレス
Password	利用するパスワード。アルファベット 15 文字以上または小文字・数字を交ぜて 8 文字以上
Email preferences	メールでの通知を希望する場合にチェックを付ける
Verify your account	操作しているのがコンピューターでないことを確かめるテスト。画面の指示に従って操作する

入力、操作が終わったら「Create account」ボタンをクリックします。

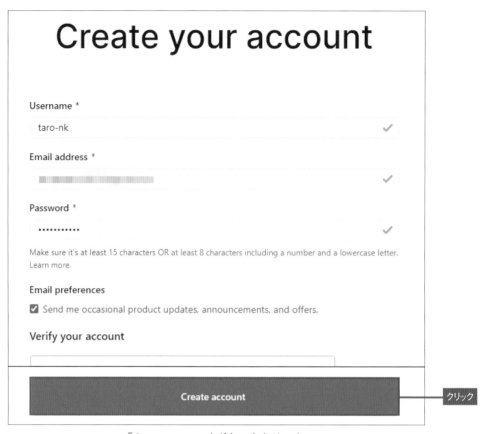

「Create account」ボタンをクリック

　「Create account」ボタンをクリックしたあと、無料プランか有料プランのどちらか
を選択する画面が表示されることがあります。プランの選択画面が表示されない場合
は、次の解説に進んで下さい。プランの選択画面が表示された場合は「Free」を選択
し、「Continue」ボタンをクリックして下さい。なお、「Free」は無料プランを示してい
ます。

　次に、アンケート画面が表示されます。各項目を選択して「Complete setup」ボタ
ンをクリックすれば回答できます。アンケートの回答は必須ではないため、何も選択
せずに「Complete setup」ボタンをクリックして先に進んで問題ありません。

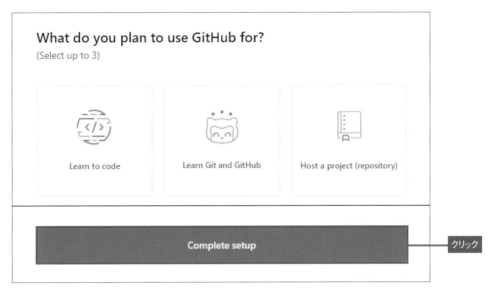

「Complete setup」ボタンをクリック

4

診断アプリを作ってみよう

「Please verify your email address」という画面が表示されたら、登録完了です。

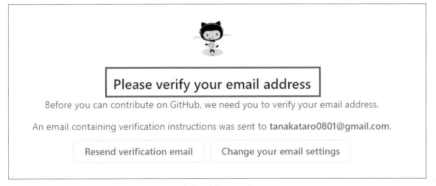

登録が完了した

　このあと、登録したメールアドレス宛てに「[GitHub] Please verify your email address.」というタイトルのメールが届きます。メールに記載された「Verify email address」というリンクをクリックすると、メールアドレスの認証が完了します。

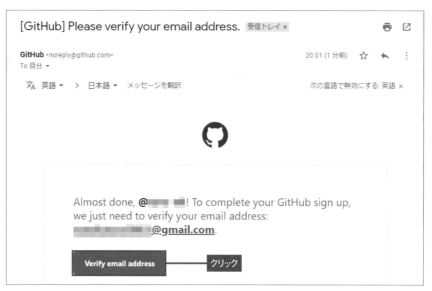

「Verify email address」をクリック

GitHubを使ってみよう

それでは、最初にリポジトリを作ってみましょう。

◉ リポジトリ

リポジトリ（Repository）とは、ソフトウェア開発においてソースコードや開発に関わるデータをまとめて管理するための、データ置き場のことです。GitHubでは、何かしらのソフトウェアを作る際には、このリポジトリを必ず利用します。

リポジトリを作るにはいくつか方法がありますが、ここではほかの人のリポジトリをコピーして自分のリポジトリを作るFork（フォーク）という方法で進めます。

食事で使うフォークは、先が複数に分岐しています。それと同様にソースコードも、どこかの時点でコピーして編集を進めていくと、元のソースコードとコピーしたソースコードの2つが分岐してそれぞれ独自に変化します。そのため、このようなコピーの方法を「フォーク」と呼ぶのです。

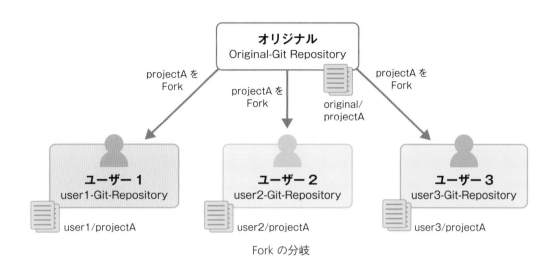

Fork の分岐

　GitHubにログインしている状態で、「https://github.com/progedu/assessment」を開きましょう。これはN予備校が用意したリポジトリです。画面右上にある「Fork」ボタンをクリックしましょう。

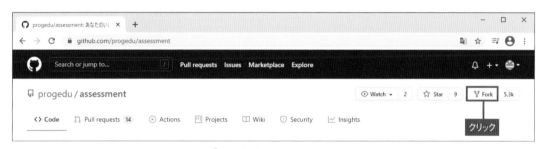

「Fork」ボタンをクリック

　少し待つと画面が更新され、自分のリポジトリに N予備校が用意したリポジトリのコピーが作成されます。フォークされたものは、

```
https://github.com/ あなたのユーザー名 /assessment
```

のようなURLになるはずです。あなたのユーザー名は、GitHubの登録時に作成した「Username」です。たとえば「sifue」というUsernameを設定した場合、「https://github.com/sifue/assessment」というURLになります。ブラウザのアドレスバーのURLを確認してみて下さい。

　また、フォーク後の画面は、次のように画面左上の表示が「progedu/assessment」から「あなたのユーザー名/assessment」に変わっているはずです。なお、フォーク元

は「forked from progedu/assessment」のように表示されます。

フォーク後の画面

ではこのリポジトリに、「あなたのいいところ診断」アプリを追加していきます。

◉ GitHubに「あなたのいいところ診断」を置いてみよう

「Add file」ボタンをクリックし、「Create new file」をクリックしましょう。

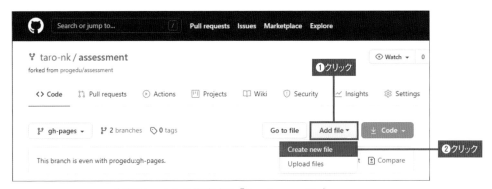

新規ファイルを作成する「Create new file」

すると、新規ファイルを作成する画面が表示されます。

「Name your file...」と書かれている入力欄に、「assessment.html」と入力します。続いて、「Edit new file」と書かれている大きな入力欄に、以前作成したassessment.htmlの内容をコピーして貼り付けます。

assessment.htmlを作成する

以前作成したファイルがすぐに見つからない場合は、以下の内容を入力しても構いません。

assessment.html

```html
<!DOCTYPE html>
<html lang="ja">
<head>
    <meta charset="UTF-8">
    <link rel="stylesheet" href="assessment.css">
    <title> あなたのいいところ診断 </title>
</head>
<body>
    <h1> あなたのいいところは ?</h1>
    <p> 診断したい名前を入れて下さい </p>
    <input type="text" id="user-name" size="40" maxlength="20">
    <button id="assessment"> 診断する </button>
    <div id="result-area"></div>
    <div id="tweet-area"></div>
    <script src="assessment.js"></script>
</body>
</html>
```

貼り付けまたは入力が完了したら、画面下方にある「Commit new file」ボタンをクリックします。

4

診断アプリを作ってみよう

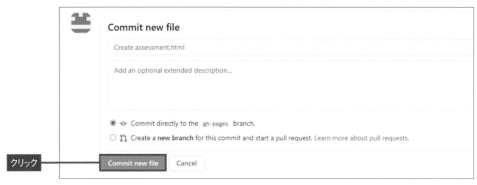

変更をコミットする「Commit new file」ボタンをクリック

　Commit は「コミット」と読み、リポジトリに何かしらの変更を加えることを意味します。

　次はassessment.htmlと同様に、assessment.cssを追加します。

　「Add file」→「Create new file」をクリックし、「Name your file...」と書かれている部分に「assessment.css」と入力します。続いて「Edit new file」と書かれている部分に、以前作成したassessment.cssの内容をコピーして貼り付けます。

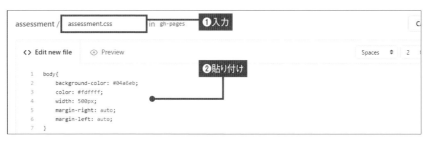

assessment.cssを作成する

　以前作成したファイルがすぐに見つからない場合は、以下の内容を入力しても構いません。

assessment.css

```
body {
    background-color: #04a6eb;
    color: #fdffff;
    width: 500px;
    margin-right: auto;
    margin-left: auto;
}
```

```
button {
    padding: 5px 20px;
    background-color: #337ab7;
    color: #fdffff;
    border-color: #2e6da4;
    border-style: none;
}
input {
    height: 20px;
}
```

貼り付けまたは入力が完了したら、画面下方にある「Commit new file」ボタンをクリックします。

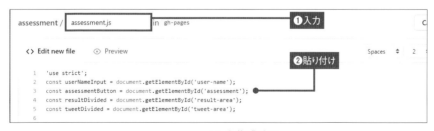

変更をコミットする「Commit new file」ボタンをクリック

同様に、assessment.jsも追加しましょう。

「Add file」→「Create new file」をクリックし、「Name your file...」と書かれている部分に「assessment.js」と入力します。続いて「Edit new file」と書かれている部分に、以前作成したassessment.jsの内容をコピーして貼り付けます。

assessment.jsを作成する

```javascript
'use strict';
const userNameInput = document.getElementById('user-name');
const assessmentButton = document.getElementById('assessment');
const resultDivided = document.getElementById('result-area');
const tweetDivided = document.getElementById('tweet-area');

/**
 * 指定した要素の子要素を全て削除する
 * @param {HTMLElement} element HTML の要素
 */
function removeAllChildren(element) {
    while (element.firstChild) { // 子要素があるかぎり削除
        element.removeChild(element.firstChild);
    }
}

assessmentButton.onclick = () => {
    const userName = userNameInput.value;
    if (userName.length === 0) {
        // 名前が空の時は処理を終了する
        return;
    }

    // 診断結果表示エリアの作成
    removeAllChildren(resultDivided);
    const header = document.createElement('h3');
    header.innerText = ' 診断結果 ';
    resultDivided.appendChild(header);

    const paragraph = document.createElement('p');
    const result = assessment(userName);
    paragraph.innerText = result;
    resultDivided.appendChild(paragraph);

    // TODO ツイートエリアの作成
    removeAllChildren(tweetDivided);
    const anchor = document.createElement('a');
    const hrefValue =
```

```
            'https://twitter.com/intent/tweet?button_hashtag=' +
            encodeURIComponent('あなたのいいところ') +
             '&ref_src=twsrc%5Etfw';
      anchor.setAttribute('href', hrefValue);
      anchor.className = 'twitter-hashtag-button';
      anchor.setAttribute('data-text', result);
      anchor.innerText = 'Tweet #あなたのいいところ';
      tweetDivided.appendChild(anchor);

      // widgets.js の設定
      const script = document.createElement('script');
      script.setAttribute('src', 'https://platform.twitter.com/
  widgets.js');
      tweetDivided.appendChild(script);
  };


  const answers = [
      '{userName}のいいところは声です。{userName}の特徴的な声は皆を惹きつけ、心
  に残ります。',
      '{userName}のいいところはまなざしです。{userName}に見つめられた人は、気に
  なって仕方がないでしょう。',
      '{userName}のいいところは情熱です。{userName}の情熱に周りの人は感化されま
  す。',
      '{userName}のいいところは厳しさです。{userName}の厳しさがものごとをいつも
  成功に導きます。',
      '{userName}のいいところは知識です。博識な{userName}を多くの人が頼りにし
  ています。',
      '{userName}のいいところはユニークさです。{userName}だけのその特徴が皆を楽
  しくさせます。',
      '{userName}のいいところは用心深さです。{userName}の洞察に、多くの人が助け
  られます。',
      '{userName}のいいところは見た目です。内側から溢れ出る{userName}の良さに
  皆が気を惹かれます。',
      '{userName}のいいところは決断力です。{userName}がする決断にいつも助けられ
  る人がいます。',
      '{userName}のいいところは思いやりです。{userName}に気にかけてもらった多く
  の人が感謝しています。',
      '{userName}のいいところは感受性です。{userName}が感じたことに皆が共感し、
  わかりあうことができます。',
      '{userName}のいいところは節度です。強引すぎない{userName}の考えに皆が感
  謝しています。',
      '{userName}のいいところは好奇心です。新しいことに向かっていく{userName}
  の心構えが多くの人に魅力的に映ります。',
```

```
        '{userName} のいいところは気配りです。{userName} の配慮が多くの人を救ってい
ます。',
        '{userName} のいいところはその全てです。ありのままの {userName} 自身がいい
ところなのです。',
        '{userName} のいいところは自制心です。やばいと思ったときにしっかりと衝動を抑
えられる {userName} が皆から評価されています。'
];


/**
 * 名前の文字列を渡すと診断結果を返す関数
 * @param {string} userName ユーザーの名前
 * @return {string} 診断結果
 */
function assessment(userName) {
    // 全文字のコード番号を取得してそれを足し合わせる
    let sumOfCharCode = 0;
    for (let i = 0; i < userName.length; i++) {
        sumOfCharCode = sumOfCharCode + userName.charCodeAt(i);
    }

    // 文字のコード番号の合計を回答の数で割って添字の数値を求める
    const index = sumOfCharCode % answers.length;
    let result = answers[index];

    result = result.replace(/\{userName\}/g, userName);
    return result;
}


// テストコード
console.assert(
    assessment(' 太郎 ') ===
        ' 太郎のいいところは決断力です。太郎がする決断にいつも助けられる人がいま
す。',
    ' 診断結果の文言の特定の部分を名前に置き換える処理が正しくありません。'
);
console.assert(
    assessment(' 太郎 ') === assessment(' 太郎 '),
    ' 入力が同じ名前なら同じ診断結果を出力する処理が正しくありません。'
);
```

貼り付けが完了したら、画面下方にある「Commit new file」ボタンをクリックしま
す。

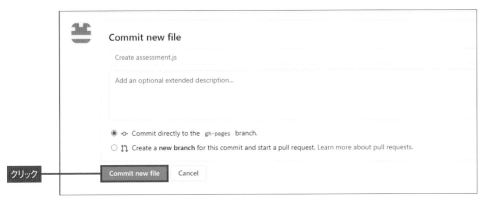

変更をコミットする「Commit new file」ボタンをクリック

自分のリポジトリに

- **assessment.css**
- **assessment.html**
- **assessment.js**

の3ファイルが追加されたでしょうか？

リポジトリに3つのファイルが追加された様子

これで、世界中どこからでもアクセス可能なWebサイトの公開が完了しました。

```
https://あなたのユーザー名.github.io/assessment/assessment.html
```

　上記のようなアドレスにアクセスしてみましょう。あなたのユーザー名は自分で作成したGitHubアカウントのUsernameに変更して下さい。たとえば次のようになります。

```
https://taro-nk.github.io/assessment/assessment.html
```

「あなたのいいところ診断」が表示されたでしょうか？

あなたのいいところ診断

　これであなたはGitHubを使い、HTMLとJavaScriptで作られたWebサイトを公開できるようになりました。

SNS用の表示を追加する

　せっかく公開したWebサイトですから、より多くの人に見てもらいたいものです。しかし、現時点では先ほどのURL「https://あなたのユーザー名.github.io/assessment/assessment.html」をTwitterなどのSNSやLINE、Discordなどに投稿しても、URLが表示されるだけであまり目立ちません。

　SNSやチャットアプリ上で目立たせるには、OGP（Open Graph Protocol、オープン・グラフ・プロトコル）というものを設定する必要があります。OGPを設定したWebサイトはSNSで以下のように表示され、目立ちやすくなります。

OGPの表示

◉ OGPを設定する

先ほど作成したHTMLファイルを編集していきます。GitHubの画面上部に表示されている「あなたのユーザー名/assessment」というリンクの「assessment」をクリックして、リポジトリのトップを表示させます。URLを入力する場合は「https://github.com/あなたのユーザー名/assessment」となります。続いて「assessment.html」をクリックします。

リポジトリのトップで「assessment.html」をクリック

assessment.html が表示されたら、画面右上にある鉛筆マークの「Edit this file（このファイルを編集する）」ボタンをクリックしましょう。

ファイル編集ボタンをクリック

assessment.html の<head>から</head>の中で、<meta charset="UTF-8">と<link rel="stylesheet" href="assessment.css">の間に以下のタグを追記して下さい。あな

たのユーザー名の部分は自分のGitHubのUsernameに置き換えて下さい。

```
<meta name="twitter:card" content="summary">
<meta property="og:url" content="https:// あなたのユーザー名 .github.
io/assessment/assessment.html">
<meta property="og:title" content=" あなたのいいところ診断 ">
<meta property="og:description" content="N 予備校プログラミング入門コース
で制作した、「あなたのいいところ診断」 サイトです。">
```

assessment.html は以下のようになるはずです。

```
assessment.html
<!DOCTYPE html>
<html lang="ja">
<head>
    <meta charset="UTF-8">
    <meta name="twitter:card" content="summary">
    <meta
        property="og:url"
        content="https:// あなたのユーザー名 .github.io/assessment/
assessment.html"
    >
    <meta property="og:title" content=" あなたのいいところ診断 ">
    <meta
        property="og:description"
        content="N 予備校プログラミング入門コースで制作した、「あなたのいいところ
診断」 サイトです。"
    >
    <link rel="stylesheet" href="assessment.css">
    <title> あなたのいいところ診断 </title>
</head>
<body>
    <h1> あなたのいいところは ?</h1>
    <p> 診断したい名前を入れて下さい </p>
    <input type="text" id="user-name" size="40" maxlength="20">
    <button id="assessment"> 診断する </button>
    <div id="result-area"></div>
    <div id="tweet-area"></div>
    <script src="assessment.js"></script>
</body>
</html>
```

　編集が終わったら、ページの下にある「Commit changes」エリアから編集内容をコミットします。今回は、初期状態では「Update assessment.html」と表示されているテキストフィールドに

OGP を設定

と入力しましょう。こうすることで、コミットのメッセージを設定できます。

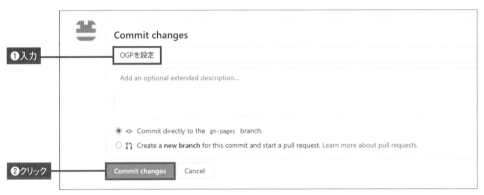

メッセージを設定してコミット

　投稿する前にTwitterの開発者向けサイトでどのような表示になるか試すことができます。Twitterアカウントにログインして Card validator（https://cards-dev.twitter.com/validator）にアクセスしましょう。「Card URL」に自分で公開した「あなたのいいところ診断」ページのURLを入力し、「Preview card」をクリックして下さい。もしTwitterアカウントがない場合は「OGP確認」などで検索し、OGPの表示を確認できるほかのサイトを利用してみて下さい。

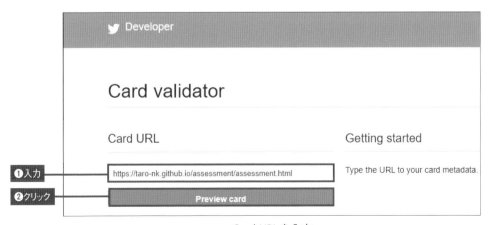

Card URL を入力

正しく設定されている場合、以下のように表示されます。

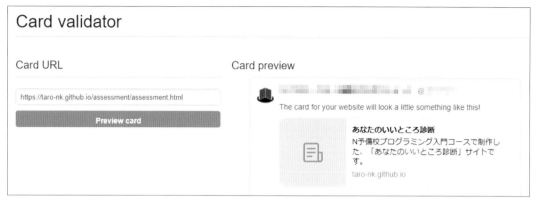

Card validatorの表示

OGPには画像などを設定することもできます。より詳細に設定したい場合は、OGP の公式サイト（https://ogp.me/）を参考にしてみて下さい。

情報モラル

これから GitHubを使っていくにあたり、気をつけなくてはならないことがあります。それは、情報モラルを守ることです。

情報モラルとは、「情報社会を生き抜き、健全に発展させていく上で、全ての国民が身につけておくべき考え方や態度」といわれています。簡単にいえば、「皆が守るべきルール」のことです。

特に、プログラマとしては

- ライセンスや著作権を侵害しないこと
- 有害なソフトウェアを公開しないこと
- 他人のプライバシーを侵害しないこと

これらには十分に気をつけて GitHubを使わなくてはなりません。
具体的には、

- 有償のソフトウェアを、ライセンスに違反して無断で**GitHub**にアップロードしない

・他人の**PC**やスマートフォンをクラッシュさせるような**Web**サイトを公開しない

・他人の本名や住所、誹謗中傷等を公開しない

というようなものです。

　このようなことは、ソフトウェアの開発者やユーザーにとって非常に迷惑なだけでなく、罪に問われる恐れがある行為です。決してやってはいけません。情報モラルに気をつけながら、GitHubを楽しく安全に使っていきましょう。

TIPS **ライセンス**

　ライセンスとは、ソフトウェア利用者が守るべきルールを示した文章のことです。GitHubで公開されているソフトウェアはオープンソースソフトウェアとして公開されており、ライセンス形態が示されている場合が多くあります。よく利用されているライセンスに「MIT」や「ISC」などがあります。

4

診断アプリを作ってみよう

―― まとめ ――

1. **GitHub**はソースコードを公開するためのプラットフォーム
2. フォークは、ほかの人のソースコードをコピーすること
3. 情報モラルに気をつけて**GitHub**を利用しなくてはならない

先ほど公開したサイトのタイトルを

あなたのユーザー名が作ったあなたのいいところ診断

に変更しましょう。あなたのユーザー名を、自分が作成したGitHubアカウントの
Usernameに変更して下さい。

自分のリポジトリのURL

```
https://github.com/ あなたのユーザー名 /assessment/blob/gh-pages/
assessment.html
```

のページで、鉛筆マークの「Edit this file」ボタンをクリックすれば編集できます。

ファイルを編集する「Edit this file」ボタン

また、あとからコミットの内容を見返す際に便利なので、今回はコミットメッセージとして変更内容を入力してからコミットしましょう。

コミットメッセージを残してコミット

```
╓────────────────────────────╖
        解答
╙────────────────────────────╜
```

`assessment.html`

```html
<!DOCTYPE html>
<html lang="ja">
<head>
    <meta charset="UTF-8">
    <meta name="twitter:card" content="summary">
    <meta
        property="og:url"
        content="https:// あなたのユーザー名 .github.io/assessment/
assessment.html"
    >
    <meta property="og:title" content=" あなたのいいところ診断 ">
    <meta
        property="og:description"
        content="N 予備校プログラミング入門コースで制作した、｢あなたのいいところ
診断｣ サイトです。">
    <link rel="stylesheet" href="assessment.css">
    <title> あなたのユーザー名が作ったあなたのいいところ診断 </title>
</head>
<body>
    <h1> あなたのいいところは ?</h1>
    <p> 診断したい名前を入れて下さい </p>
    <input type="text" id="user-name" size="40" maxlength="20">
    <button id="assessment"> 診断する </button>
    <div id="result-area"></div>
    <div id="tweet-area"></div>
    <script src="assessment.js"></script>
</body>
</html>
```

GitHub上で assessment.html を上記のように書き換え、コミットします。

```
https:// あなたのユーザー名 .github.io/assessment/assessment.html
```

にアクセスして、ブラウザのタブに表示されているタイトルが変更されていれば成功です。

タイトルが変更された

INDEX

おわりに

ここまでお読みいただき、ありがとうございました。

この『高校生からはじめる プログラミング』は、2020年度に**N高等学校の課外授業**として用意された、プログラミング学習教材の最初の部分を書籍化したものです。

実際に、プログラミング初学者の生徒が最初の1年で学ぶように用意された内容は、

1. **Web**プログラミング入門
2. **Linux**開発環境構築
3. **Web**アプリ基礎
4. **Web**アプリ応用

これらの4つでした。この本で紹介したのは、この中で最初に学ぶ「Webプログラミング入門」の部分です。授業としては、2020年4月から6月の間に行われた内容です。

ここまでを学び終えて、この続きをもっと体験したいという方は、N予備校（https://www.nnn.ed.nico/）というWebサービスで学ぶことができますので、ぜひそちらを体験してみてください。

N予備校ではパソコンはもちろん、スマートフォンでも授業が受けられる。

そしてこれらを学び終えると、スケジュール調整ができるWebサービスを作り、インターネット上に公開できるようになります。

インターネットを利用した生放送授業、生放送の録画動画、Web教材にて続きを学ぶことができます。

また、N予備校における教材の内容は、ネットや技術の進歩に合わせて、どんどん更新しているので、常に最新の情報を学べるようになっています。

◉ プログラミング教育の課題とN予備校

最近になってプログラミングの学習が、随分もてはやされるようになってきましたが、残念ながらプログラミングを教えられるエンジニアは少ない、というのが日本の現状だと思います。

エンジニアとしては、実際にプログラミングを対面で教えてあげたいし、Webプログラミングだけではなく、学びやすいビジュアルプログラミングや、モノを扱うフィジカルプログラミング、ゲームプログラミングなどさまざまなプログラミングを教えてあげたいと考えています。しかし実際には、多くのプログラマの現状と教育のニーズは折り合いづらいものとなってしまっています。

N予備校の教材は、このような教える人が少なくても、よいプログラミングの授業をたくさんの人に行いたいというところから生まれています。

双方向性のある生放送授業で、まるで対面で学ぶかのようなプログラミングの授業が受けられ、さらに、進めたい人は自分の好きなだけ進められるWeb教材が大人数で利用できる仕組みになっています。

◉ Webプログラミングから始めよう

なおこのN予備校では、プログラミングの教材として**Webプログラミング**を選択しています。今やほとんどの人がこのWebプログラミングの技術の恩恵を受けて生活しているのではないでしょうか。

例えば、ネットショッピングサイトや動画サイトなどのWebサイトを利用することもあれば、スマホアプリなどで利用するWeb UI、内部的に利用されているWeb APIなども、すべてWebプログラミングの技術です。Webプログラミングの技術は、身の回りでたくさん使われていると思います。

そういったものを少し便利にしたり、うまく利用したりできるのが、ここで学んだWebプログラミングの技術なのです。

ここで学んだことを活かすことで、例えば自分のサイトを作り、外部のWebサイトのスクリプトを埋め込んで機能を与えることができます。また、パーティーなどで使うビンゴゲームができるWebページ、HTML上のチェックボックスを自動でチェックしてくれるスクリプト、そういったものを作れるようになるでしょう。

プログラミングで学んだことは決して損にはなりません。もしまた興味が湧いたら、もっと深くプログラミングを学んでいただければと思います。

そして興味が湧いたときに自分でやってみる、自分のためのものを作ってみる、こうすることがプログラミング学習において、深い学びを得るために重要なことだと考えています。

自ら考え、作り、それを自分の用途に合わせて改変する、これらを行いながら自分だけのプログラミングをエンジョイしていただければ幸いです。

授業は動画で配信される。生放送の授業ではその場で講師に質問できるので、わからないところもすぐに解決できる

わからないことは「Ｑ＆Ａ」のページで質問すれば、ほかの生徒や講師から答えてもらえる。みんなで教えあって学んでいくことができるのも、Ｎ予備校の特長だ

　長くなりましたが、この本を読んでいただき本当にありがとうございました。ここで学んだプログラミングの技術が、あなたの生活を豊かにすることを期待しています。

2021年4月　吉村総一郎

吉村　総一郎（よしむら　そういちろう）
プログラミング講師、学校法人角川ドワンゴ学園Ｓ高等学校（2021年4月開校）校長
1982年広島県生まれ。東京工業大学大学院修了後、製造業の製品設計を補助するシステムの開発に携わる。その後、株式会社ドワンゴに入社。ニコニコ生放送の各種ミドルウエアの開発に携わり、ニコニコ生放送の担当セクションマネージャーとしてチームを率いる。2016年より、ドワンゴが提供するオンライン学習講座「Ｎ予備校」のプログラミング講師として高校生にプログラミングを教えている。

改訂版　高校生からはじめる　プログラミング

2021年7月2日　　初版発行

著者／吉村総一郎

発行者／青柳　昌行

発行／株式会社KADOKAWA
〒102-8177　東京都千代田区富士見2-13-3
電話　0570-002-301（ナビダイヤル）

印刷所／株式会社加藤文明社印刷所